物理化学实验

主 编　祝根平　边界　胡自强

副主编　孙鸿程　倪志刚　高鹏

U0178516

浙江工商大学出版社 ZHEJIANG GONGSHANG UNIVERSITY PRESS ｜ 杭州

图书在版编目(CIP)数据

物理化学实验 / 祝根平,边界,胡自强主编. —杭州:浙江工商大学出版社,2022.8(2025.1重印)

ISBN 978-7-5178-5056-4

Ⅰ. ①物… Ⅱ. ①祝… ②边… ③胡… Ⅲ. ①物理化学—化学实验—高等学校—教材 Ⅳ. ①O64-33

中国版本图书馆 CIP 数据核字(2022)第 139848 号

物理化学实验

WULI HUAXUE SHIYAN

祝根平 边 界 胡自强 主编 孙鸿程 倪志刚 高 鹏 副主编

责任编辑	王 琼
责任校对	沈黎鹏
封面设计	浙信文化
责任印制	祝希茜
出版发行	浙江工商大学出版社
	(杭州市教工路 198 号 邮政编码 310012)
	(E-mail:zjgsupress@163.com)
	(网址:http://www.zjgsupress.com)
	电话:0571-88904980,88831806(传真)
排 版	杭州朝曦图文设计有限公司
印 刷	广东虎彩云印刷有限公司绍兴分公司
开 本	787mm×1092mm 1/16
印 张	11
字 数	209 千
版 印 次	2022 年 8 月第 1 版 2025 年 1 月第 3 次印刷
书 号	ISBN 978-7-5178-5056-4
定 价	38.00 元

前　言

　　物理化学实验是继普通物理实验、无机化学实验、分析化学实验和有机化学实验之后独立开设的又一门重要基础实验课程，是化学专业实验教学体系中的重要组成部分，是物理化学理论课程的延伸。它利用物理学的方法和手段，综合几大化学中所需的基本研究方法和手段，研究物质的物理性质与化学变化之间的关系。通过对选定的化学热力学、化学动力学、电化学、表面与胶体化学及结构化学等相关实验内容的学习，学生可以获取本学科实验研究的基本知识和技能，掌握研究化学过程的基本方法与原理、反应条件控制与检测技术，熟悉基本仪器的构造、使用方法和各种理化参数的测量技术，学会实验数据的处理方法。教师引导学生在实践中理解物理化学实验研究的基本思路、基本研究方法和基本研究过程，提高学生的知识运用能力、实验观测能力、动手能力、思维能力、分析能力、表达能力和解决问题的能力等，为学生创新意识和创新能力的启蒙奠定基础。

　　本教材内容分为 4 个部分，分别为绪论、实验、物理化学实验常用数据表和物理化学实验练习题。其中，绪论部分包含课程目的和要求、实验安全防护、实验误差分析、数据处理方法、实验报告书写规范与成绩评定等内容。实验部分包含 20 个物理化学实验，涵盖了《物理化学》教材的各个章节。这一部分内容注重理论与实际结合，主要通过对基础实验内容的训练，深化学生对物理化学知识的理解，提高学生的实验基础技能和仪器操作能力。实验相关的文献值、仪器使用说明以及讨论与拓展附于每个实验之后。常用数据表部分列举了与本教材相关的实验数据，方便学生对实验数据进行分析、比对。最后，本教材精选了 100 道习题，以加深学生对实验内容的理解。

　　本教材的第一部分由祝根平、胡自强、边界编写。第二部分的实验一、二、十一由孙鸿程编写，实验三、十三、十九由倪志刚编写，实验四、六、十七、十八由边界编写，实验五、十四、十五由祝根平编写，实验七、八、九、十由胡自强编写，实验十二、十六、二十由高鹏编写。第三部分由孙鸿程、倪志刚编写。第四部分由祝根平编写。全书最终由祝根平统稿、定稿。

本教材的出版得到了杭州师范大学教材出版项目经费的资助,同时得到了杭州师范大学材料与化学化工学院的大力支持和帮助,在此表示衷心感谢!

编者

2022 年 1 月

目　录

第一部分　绪论

第一节　物理化学实验课程的目的和要求

一、实验目的

物理化学实验是重要的化学基础实验课。它通过物理的实验方法阐述化学学科基本原理和基本规律,介绍物理化学实验技术的原理和方法,直接获取化学物质和化学反应的物理化学参数,加深学生对物理化学的基本规律和基础理论的理解,训练学生掌握物理化学实验技术和方法,提高学生运用基本理论解决问题的能力。

通过本课程的学习,学生可以初步了解物理化学的研究方法,掌握物理化学的基本实验技术和技能,学会重要物理化学性能测定,熟悉对物理化学实验现象的观察和记录、实验条件的判断和选择、实验数据的测量和处理、实验结果的分析和归纳,透过物理、化学现象,深入理解化学反应的本质和规律,从而加深对物理化学基本原理的理解,通过实践进一步加强独立分析问题和解决问题的能力、综合设计及创新能力,同时培养实事求是的科学态度、严谨细致的实验作风和严肃认真的实验习惯,为今后学习和工作打下良好的基础。

二、实验要求

物理化学实验的特点是通过操作仪器获取定量的实验数据,因此,需要了解实验所涉及的仪器设备的基本构造、工作原理及性能。

实验药品是实验顺利进行的必要保证。在实验前应该明确该实验用到的药品种类及对各种药品的要求,如药品纯度、试剂浓度、试剂的物理化学性质、称量精度等。

(1)预习实验原理、相应的实验技术和相关实验仪器的使用方法,找出控制实验精

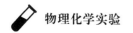

度的关键步骤及领会操作要点,积极思考,发现和解释实验中可能出现的各种问题,在实验记录本上设计好原始数据记录表格。

(2)提前到达实验室,仔细检查测量仪器和试剂是否符合要求。准时签到并认真听取教师指导。

(3)实验过程中根据要求规范操作,真实记录原始数据。培养整洁有序的操作习惯、良好的记录习惯和勤于思考的实验作风。

(4)认真书写实验报告。实验报告必须认真书写并独立完成,内容包括实验目的与简要原理、实验装置、实验条件、实验步骤、实验原始数据、数据的处理、结果和讨论等。讨论内容主要是结合实验现象,分析和解释误差的主要来源,提出对于实验方法、仪器和操作方面的改进意见。

三、物理化学实验的评价

1. 实验态度

实验态度体现学生对实验的重视程度,直接影响学生的学习心理品质和学习效果。实验态度包含以下几方面:实验考勤、预习报告的书写、实验课堂的参与、实验过程和与小组其他成员的合作交流等。

实验课堂参与主要体现在课堂实验讲解过程中学生与教师之间的互动上。学生应该认真听教师的讲解,积极回答教师提出的问题,并通过实验预习提出问题,与老师、同学共同探讨。

2. 实验操作

实验操作是实验过程的一个重要内容,是任何实验教学强化培养的最根本能力,由实验教学的根本目的所决定,故在此把实验操作作为评价的一个主要要素。

实验操作评价有以下特点:方法的开放性、内容的真实性、标准的多重性、评价的主观性、评价的即时性、结论的模糊性。

实验操作主要从实验仪器的使用、实验操作规范、实验数据的记录等几个方面考查。

3. 实验安全及卫生

实验安全是一个不容忽视的问题。学生应该了解实验存在的危险性,在实验中按要求确保实验的安全,具备必要的安全知识,能较好地处理实验中出现的紧急事件,保障人身安全。实验中要保持实验室、实验桌面的清洁,药品摆放要整齐。

4. 实验报告

实验报告是实验结果的静态表现形式,不仅体现了学生分析问题和解决问题的能力,而且在一定程度上反映了对实验的掌握水平和实际动手能力。撰写实验报告让学生在实验数据处理、作图、误差分析、问题归纳等方面得到训练和提高。

物理化学实验报告的内容大致可分为实验目的与简要原理、实验装置、实验条件、实验步骤、实验原始数据、数据的处理、结果和讨论等。

5. 实验思考

实验思考不仅仅是以书面形式在实验报告中体现对实验教材上"思考题"的回答,还应该有在整个实验过程中,对实验操作原理和步骤的思考。实验思考也是一个独立的评价要素。

第二节　物理化学实验的安全防护

物理化学实验常常潜藏着诸如爆炸、着火、中毒、灼伤、触电等危险,防止这些事故的发生以及发生后的急救等知识在先行的化学实验课中均已进行介绍与强调。物理化学实验除上述危险外,还会遇到使用高气压(各种高压气瓶)、低气压(各种真空系统)和带有辐射线(如 X 射线)的仪器等危险。因此,本节在对实验者的安全防护进行必要补充的同时,主要结合物理化学实验特点,就防爆、安全用电,以及使用受压容器和辐射源的防护要点进行着重介绍。

一、实验者人身安全防护要点

实验者到实验室进行实验前,应首先熟悉各项急救设备的存放地点和使用方法,了解所处位置的楼梯和出口,以及实验室内的电气总开关等,以便一旦发生事故能及时采取相应的防护措施。

大多数化学药品有一定程度的毒性,原则上应防止任何化学药品以任何可能的方式进入人体,如不得在实验室内喝水或进食,饮用食具不得带到实验室等。实验操作时,如有必要应戴防护手套和防护眼镜。

二、防爆防火

可燃性气体和空气的比例处于爆炸极限范围时,只要有一个灼热源(如电火花、高热金属丝)诱发,就会引起爆炸。某些易挥发试剂与空气混合的爆炸高限和低限如表 1-1 所示。

表 1-1　可燃性气体的爆炸高限和低限

气体	乙醇	丙酮	异丙醇	环己烷	乙醚
爆炸高限(体积分数%)	19.00	12.80	11.30	8.00	48.00
爆炸低限(体积分数%)	4.30	2.60	1.45	1.30	1.90

因此,实验过程中应尽可能避免爆鸣混合气体的形成及灼热源的产生。实验时应保持室内良好的通风,尽量减少易燃有机物的挥发,严禁使用明火和可能产生电火花的电器,禁穿鞋底上有金属的鞋子等。

除了防爆以外,实验室内还须消除火灾隐患。易燃废液必须回收处理,切不可倒入下水道，以免积聚从而引起火灾。对于高压钢瓶，可燃气体应分开存放，减压阀门不能混用。如果失火，应立即使用灭火器等进行灭火，要了解各类灭火工具的使用方法。

三、用电安全

实验室所用的市电为频率 50Hz 的交流电。触电效应是电流通过人体所致，一般人体对电流强度的感觉如表 1-2 所示。因此，用电安全的防护原则是让通过人体的电流强度尽可能小，最好为零。而电流强度的大小，取决于人体的电阻和所加的电压。人体电阻因人而异，内部组织通常为 MΩ 级，潮湿皮肤的电阻（约 1kΩ）远小于干燥皮肤的数万欧姆。我国规定 36V 及以下为安全电压，45V 及以上为危险电压。

表 1-2　人体电感应

电流					电压	
有感觉	一触缩手	肌肉强烈收缩	难脱导体，危及生命	难以救活	安全	危险
1mA	6～9mA	10mA 以上	50mA 以上	100mA	36V 及以下	45V 及以上

电击伤人的程度主要取决于通过人体的电流强度和触电时间的长短。因此，实验时不要用手紧握可能荷电的仪器，两手不同时触及仪器，更不能用潮湿的手去操作仪器。如果发生触电事故，应立即切断电源，再进行其他处理。

四、使用受压容器的安全防护

物理化学实验室中的受压容器主要指高压储气瓶（高压气体钢瓶）、真空系统以及供气流稳压用的玻璃仪器等。其中，使用气体钢瓶的主要危险是爆炸与漏气（可燃气体钢瓶尤为危险）。

1. 高压气体钢瓶的使用及注意事项

气体钢瓶是用于贮存压缩气体和液化气的高压容器。它由无缝碳素钢或合金钢制成，容积一般为 40～60L，工作压力介于 0.6～15MPa 之间。合格的气瓶在其肩部必须刻有制造单位、制造日期、气瓶型号、瓶身净重、气体容积、工作压力、水压试验压力与日期，以及检验单位和下次送验日期等重要信息。

为避免各类气瓶使用时发生混淆，国家质量监督检验检疫总局、国家标准化管理委员会发布了《气瓶颜色标志》（GB/T 7144—2016），规定了各类气瓶的色标，写明瓶内气体名称等（见表 1-3）。

表 1-3　各种气体钢瓶标志

气体类别	瓶身颜色	字样	标字颜色	色环
氮气	黑	氮	白	白
氧气	淡（酞）蓝	氧	黑	白
氢气	淡绿	氢	大红	大红
空气	黑	空气	白	白
二氧化碳	铝白	液化二氧化碳	黑	黑
氨气	银灰	氨	深绿	白
乙炔	白	乙炔不可近火	大红	

使用气体钢瓶有以下注意事项：

(1)气体钢瓶应存放在阴凉、干燥、远离热源的地方。气瓶受热后,瓶内气压增大,易造成漏气甚至爆炸。易燃气体钢瓶(如氢气瓶等)的放置房间,不应有明火或电火花产生。可燃性气体钢瓶与氧气钢瓶必须分开存放。

(2)除二氧化碳等气体外,气体钢瓶的使用一般都要用到减压阀。各种减压阀中,只有氮气和氧气的减压阀可相互通用,其他减压阀只能用于规定的气体,不能混用,以防爆炸。减压器安全阀应调节到接受气体容器或系统的最大工作压力。

(3)使用的压力表应与气体钢瓶匹配。一般可燃性气体钢瓶(如氢气瓶)所配压力表的气门螺纹是反扣的,即逆时针方向拧紧;非燃性或助燃性气体钢瓶的气门螺纹是正扣的,即顺时针方向拧紧。

(4)开启或关闭气瓶阀门时,实验者应站在减压阀接管的一侧,不得将头和身体对准阀门出口,以防减压阀冲出而受伤。

(5)由于高压氧气与有机物相遇会引起燃烧,因此,氧气钢瓶上不可沾染油脂类或其他有机物,尤其是气门出口和气表处,甚至实验者的手、衣服和工具上也不可沾有油脂等易燃物,更不可用棉、麻等有机物去围堵已漏气的氧气瓶,以防燃烧。

(6)使用可燃性气体钢瓶时,导管处应加防回火装置,要保持实验室通风良好,防止漏气或将用过的气体排放在室内。

(7)不可将气瓶中的气体全部用尽,以防重新灌气时发生危险。按规定,一般气体保留 0.05MPa 以上的残余压力,可燃性气体为 0.2~0.3MPa(约 2~3kg/cm² 表压),而氢气应为 2MPa。达到此气压后,在气瓶上标上已用完的记号。

2.受压玻璃仪器的安全防护

受压玻璃仪器包括供真空试验或高压用的玻璃仪器,使用时应注意:

(1)受压仪器的器壁应足够坚固,不能用薄壁材料的玻璃器皿,尽可能使用受力均匀的球形容器。

(2)真空或高压系统的装置相对复杂,实验设计时应尽量少用活塞和接口,以减少漏气的发生。

(3)实验前必须熟悉各活塞的转向,最好在显眼处用标记注明。

(4)实验时,开关活塞操作要缓慢。真空系统的真空度越高或高压系统的气压越大,玻璃器壁所承受的压力也越大。因而实验过程中及实验结束时,开关活塞一定要缓慢,避免系统内气压的不平衡部分突然接通或大气猛烈冲入、冲出系统,造成局部气压突变,导致玻璃器皿破裂。

五、使用辐射源的安全防护

物理化学实验中所遇到的辐射,主要是指 X 射线、带电粒子束等电离辐射和紫外线、红外线、微波等电磁波辐射。当这些辐射作用于人体时,均会对人体组织,如皮肤、肌肉、眼睛晶状体及神经系统等造成一定的损伤,因此,必须加以重视。

1. 电离辐射的安全防护

电离辐射的防护主要采用屏蔽防护、缩短使用时间和远离辐射源等措施。屏蔽防护是指在辐射源与人体之间添加诸如铅、铅玻璃等物质作为屏蔽,以减弱射线对人体的作用强度。远离辐射源则是根据射线强度随距离增加而减小的原理,尽量加大人体与辐射源之间的距离。由于 X 射线有一定的出射方向,因此实验时,操作应在侧边进行,不要正对出射方向。

2. 电磁波辐射的安全防护

电磁波辐射防护的最根本措施是减少辐射源的泄漏,使辐射局限在仪器装置的范围内。物理化学实验中,应注意紫外线、红外线和微波对人体尤其是眼睛的损害。紫外线的短波部分(200～300nm)能引起角膜炎和结膜炎,红外线的短波部分(760～1600nm)可导致视网膜的灼伤。操作时,切记不能用眼睛直接对准光束进行观察。其他有效办法是戴防护眼镜,且不同光源、不同强度的电磁波辐射须选用不同的防护镜片。

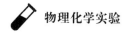

第三节　物理化学实验数据的误差

误差理论和数据处理是物理化学实验教学中的重要环节。学生应在物理化学实验中掌握误差的基本理论以及数据处理的基本方法。

一、基本概念

物理化学实验需要采用适当的测量方法和相应的实验仪器,直接测量一些相关的物理量,根据公式的关联,计算一些间接测量的物理量。这个过程不可避免地产生直接测量误差以及计算过程的误差传递。因此,了解误差的分类、来源、运算、评估及正确表达实验结果方面的知识,增强误差分析及数据处理的能力,有助于提高物理化学实验水平。

1.系统误差、随机误差、过失误差

真值是测量对象客观存在的量,在实际过程中很难得到,故一般定义在消除了系统误差的情况下。$x_{真} = \lim_{n \to \infty} \bar{x}$,即经过无穷多次测量,随机误差被消除,测定值的算术平均值$\bar{x}$等于真值。

系统误差是重复性测量条件下,无限多次测量同一量时,所得结果的平均值与被测量的真值之差。系统误差的产生主要与下列因素有关:仪器的精度、仪器使用的环境、测量方法、所使用的试剂纯度、测量者个人习惯等。

随机误差是在实验测量过程中,测量结果与在相同条件下无限多次测量所得结果的平均值之差。它在实验中总是存在,无法完全避免,但它服从高斯分布。

过失误差是实验者粗心所导致的测量错误。这类误差不属于测量误差范畴,必须避免。

以上 3 种误差为常见误差,具体区别如表 1-4 所示。

表 1-4　常见误差比较

分类	特点	图示	来源	矫正
系统误差	测量值总往一个方向偏差;误差大小和符号在重复多次测量中几乎相同	⊙⊙⊙⊙━━━▶	仪器、试剂、个人习惯、测量方法、控制条件等	综合多人、多法,改善客观条件等

分类	特点	图示	来源	矫正
随机误差	误差服从高斯分布,即有对称性、有界性、单峰性、抵偿性等四大特点		操作,人员及仪器、环境等随机因素	多次重复测量
过失误差	读数、记录、计算错误等主观因素		主观因素差错	重做实验

2.测量的精密度和准确度

在一定实验条件下,对某个量进行 n 次重复测量,得到测量结果为 $x_1, x_2, x_3, \cdots, x_i, \cdots, x_n$,其算术平均值为 $\overline{x}$。

$$\overline{x} = \frac{1}{n} \sum_{i=1}^{n} x_i \tag{1-1}$$

精密度是指单次测量值 x_i 与算术平均值 $\overline{x}$ 的偏离,反映了各测量值的相互接近程度,受随机误差的影响。精密度可用平均误差或标准误差来表达,具体如表 1-5 所示。

表 1-5　精密度的两种表达式

误差类型	计算式	优点	缺点
平均误差 δ	$\delta = \frac{1}{n} \sum_{i=1}^{n} \lvert x_i - \overline{x} \rvert$	计算方便	易掩盖质量不高的测点
标准误差 σ	$\sigma = \sqrt{\dfrac{\sum_{i=1}^{n}(x_i - \overline{x})^2}{n-1}}$	对测点误差的大小感觉灵敏;顾及误差的对消	计算烦琐,需借助统计编程来完成

准确度是指因系统误差引起的测量值与真值之间的偏离程度。系统误差越小,测量结果的准确度就越高。

二、高斯误差分布定律与实验数据取舍

随机误差的数据分布符合高斯误差分布定律,其分布曲线如图 1-1 所示。其函数形式为:

$$y = \frac{1}{\sigma \sqrt{2\pi}} e^{-\frac{x_i^2}{2\sigma^2}} \text{ 或 } y = \frac{h}{\sqrt{\pi}} e^{-h^2 x_i^2} \tag{1-2}$$

式(1-2)中 h、σ 分别为精确度指数和标准误差,两者的关系为:

$$h = \frac{1}{\sqrt{2}\sigma} \tag{1-3}$$

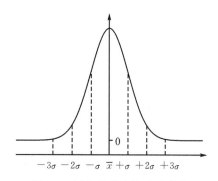

图 1-1　随机误差高斯分布曲线

$\overline{x}$ 代表无限多次测量结果的平均值(真值),代表了最可几分布,σ 代表符合统计分布规律的母体。在图 1-1 中,测量值落在特定范围 $\overline{x}\pm\sigma$ 的概率 P,可用 $\overline{x}\pm\sigma$ 区间内曲线下面的面积分数比表示:

$$P(\overline{x}\pm\sigma)=\int_{\overline{x}-\sigma}^{\overline{x}+\sigma}\frac{1}{\sqrt{2\pi}\sigma}e^{-\frac{(x-\overline{x})^2}{2\sigma^2}}dx \qquad (1\text{-}4)$$

令 $t=\dfrac{x-\overline{x}}{\sigma}$,则 $dx=\sigma dt$

$$P(\pm1)=\sqrt{\frac{2}{\pi}}\int_0^1 e^{-\frac{t^2}{2}}dt=68.3\% \qquad (1\text{-}5)$$

因此,$x_{真}$ 落在 $\overline{x}\pm\sigma$ 置信区限内的置信界限为 68.3%。同理可求出其他置信区限内的置信界限:

$$P(\pm2)=95.4\% \qquad\qquad 1-P(\pm2)=4.6\%$$
$$P(\pm3)=99.7\% \qquad\qquad 1-P(\pm3)=0.3\% \qquad (1\text{-}6)$$

通常规定 95% 的置信界限对应的置信区限为 $\pm1.96\sigma$,称为概率误差。从式(1-5)和(1-6)的计算结果可看出,位于置信区限 2σ 范围外的概率为 4.6%,位于 $\pm2\sigma$ 的区间内的概率为 95.4%,而位于 3σ 范围外的概率仅为 0.3%。因此,当测量次数较多时,可将误差 $|x_i-\overline{x}|$ 大于 3σ 的可疑值舍去。若为有限次测量,可以采用"4δ"(δ 为平均误差)坏值剔除法,就是将误差 $|x_i-\overline{x}|$ 大于 4δ 的可疑值舍去,每次剔除坏值时只能剔除误差最大的那一个测量值。

三、有效数字运算

有效数字中包括了可靠值部分和可疑值部分,但准确值(如测量次数 n)不属于有效数字取舍范围。

(1)实验测量中,最后一位有效数字往往为最小读数刻度之后的估读数字。

(2)进行加减法运算时,依据有效数字的位数,以最不精密的数据为基准,其余四舍五入至与其同位数后再开始运算。达到或多于 4 个数据求取平均值时,其平均值也可多保留 1 位有效数字。

（3）乘除法运算时，依据数据中有效数字的位数，以最少位数为基准，舍去多余低数位再运算。若数据的最高数位上大于 8，可以多计 1 位有效数字，如 8.1 可算 3 位有效数字。

（4）所有运算过程中，有效数字可以比最终所要的多保留 1 位。

（5）精度或者结果表达式 $\bar{x} \pm \Delta x$ 中，其 Δx 部分有效数字一般取 1 位，最多不超过 2 位，同时保证与平均值 $\bar{x}$ 的有效数字位数一致。例如，萘的分子量测定结果表达为 $M = 127 \pm 4$，或 $M = 127.0 \pm 3.8$。

（6）指数法是有效数字科学记数法，如 1.40×10^{-2} 指明有 3 位有效数字。

四、误差分析

间接测量结果来自有多个直接测量的计算，而每一步直接测量的误差都会对最终结果产生影响，这就是测量误差的传递。

1.平均误差的传递

设函数 $y = f(x_1, x_2, x_3, \cdots)$，对各独立变量求偏微分得：

$$\mathrm{d}y = \pm \sum \left| \frac{\partial y}{\partial x_i} \right| \left| \mathrm{d}x_i \right| \tag{1-7}$$

当各独立变量足够小时，以 δ 代替 d 算符，考虑正负误差不能对消，式（1-7）取了绝对值。上式可作为平均误差传递的普遍公式。

2.标准误差的传递

标准误差的基本公式为：

$$\sigma_y = \pm \left[\sum \left(\frac{\partial y}{\partial x_i} \right)^2 \sigma_{x_i}^2 \right]^{1/2} \tag{1-8}$$

用相对误差表示：

$$\left(\frac{\sigma_y}{y} \right)^2 = \left(\frac{\sigma_{x_1}}{x_1} \right)^2 + \left(\frac{\sigma_{x_2}}{x_2} \right)^2 + \cdots + \left(\frac{\sigma_{x_n}}{x_n} \right)^2 \tag{1-9}$$

几种常见函数的平均误差和标准误差传递公式如表 1-6 所示。

表 1-6　几种常见函数的误差传递公式

函数式	平均误差传递公式	标准误差传递公式
$y = x_1 + x_2 + \cdots$	$\Delta y = \Delta x_1 + \Delta x_2 + \cdots$	$\sigma_y = \sqrt{\sigma_{x_1}^2 + \sigma_{x_2}^2 + \cdots}$
$y = x_1 - x_2 - \cdots$	$\Delta y = \Delta x_1 + \Delta x_2 + \cdots$	$\sigma_y = \sqrt{\sigma_{x_1}^2 + \sigma_{x_2}^2 + \cdots}$

函数式	平均误差传递公式	标准误差传递公式
$y = x_1 \times x_2$	$\dfrac{\Delta y}{y} = \dfrac{\Delta x_1}{x_1} + \dfrac{\Delta x_2}{x_2}$	$\dfrac{\sigma_y}{y} = \sqrt{\left(\dfrac{\sigma_{x_1}}{x_1}\right)^2 + \left(\dfrac{\sigma_{x_2}}{x_2}\right)^2}$
$y = \dfrac{x_1}{x_2}$	$\dfrac{\Delta y}{y} = \dfrac{\Delta x_1}{x_1} + \dfrac{\Delta x_2}{x_2}$	$\dfrac{\sigma_y}{y} = \sqrt{\left(\dfrac{\sigma_{x_1}}{x_1}\right)^2 + \left(\dfrac{\sigma_{x_2}}{x_2}\right)^2}$
$y = \ln x$	$\Delta y = \dfrac{\Delta x}{x}$	$\sigma_y = \dfrac{\sigma_x}{x}$

具体实验中,通过对每个直接测量结果的误差计算,评估对间接测量结果误差传递的影响,可找出主要的误差因素,以便改进实验方法。

五、实验数据处理

物理化学实验要求实验者正确地记录所测的数据,并进行归纳整理,发现研究对象所体现的内在规律。实验数据的表达方法有列表法、图解法和数学方程式法。在具体处理时,通常是先将数据列成表,然后绘成图,求曲线的数学方程式,在进一步分析的基础上,再做一定的推论。

1. 列表法

用列表法表达实验数据,就是在表格中列出自变量 x 和应变量 y 间的相应数值。原始数据的记录通常采用此法。使用列表法时应注意:

(1)每张表格都应有序号和名称。

(2)表格一般采用三线表,表中的每一行(或列)上都应详细写上该行(或列)所表示的物理量(或代号)、单位和因次(公共乘方因子),使表中数据为最简形式的纯数值。

(3)同行(或列)的数字要排列整齐,小数点对齐,位数统一,数据应保留 1 位估读数字,数字排列时,最好依次递增或递减。

(4)原始数据可与处理结果同列于一张表格内,必要时可将数据来源、处理方法和公式标注在表格下面。

(5)表中数值通常采用科学记数法表示,都必须遵守有效数字规则。

2. 图解法

图解法可以直观地显示所测量的变化规律,使实验者更易发现实验结果的诸如极点、转折点、周期性和变化速率等的特点,有利于数据的比较分析。实验者还可利用图形求面积、作切线求微商值、查找函数中间值,外推参量求极限值以及推断数据间函数关系的经验方程式等。

制图时应注意以下几点：

(1)每个图应有序号和简明的标题(即图题)，必要时需对实验条件进行简要说明，说明一般放置在图的下方。

(2)选定自变量与应变量后，以自变量为横轴，应变量(函数)为纵轴，并确定标绘在 x、y 轴上的两个变量的最大值和最小值。

(3)制图时坐标轴比例尺的选择极为重要。比例尺改变，会引起曲线外形的变化，选择不当会使曲线的极大点、极小点、转折点等关键性质显示不清楚。比例尺的选择和标注一般遵循下列原则：①能表示出全部有效数字，使图中读出的各物理量的精密度与测量时的精密度相吻合，通常每小格应能表示出测量值最末一位的可靠数字；②坐标轴每格所代表的数值最好为 1、2、5 个单位的变量或这些数的 $10^{\pm n}$ 值(注意变量乘方因子的书写规范)，确定后，在纵轴的左面和横轴的下面每隔一定距离写下该处变量的对应值，以便作图及读数。

(4)坐标轴选定后，应在旁边注明该轴变量的名称及单位，需注意标注的正确表示方式。

(5)要尽可能地利用作图面的全部，坐标不一定从零开始，如果是直线，或近乎直线的曲线，则应被放置在图纸的对角线附近(相当于直线与坐标轴的交角尽可能接近 $45°$)。

(6)若同一图中有数组不同的测量值，则各组测量值应采用不同的标点符(如"＊""＋""×""△""□""○"等)来表示代表点。若同一图中有多个应变量，可在纵轴两端的平行坐标轴上进行标注。

(7)实验曲线要求光滑连接，无须通过所有实验点。曲线应穿越于实验点间，并调整上下偏差的均衡，使实验点平均地分布在曲线的两边。如用电脑作图，软件会使所有的实验点离开曲线距离的平方和为最小，此即"最小二乘法原理"。

(8)如果采取手工制图，则必须使用坐标纸。坐标纸一般不小于 $10cm \times 10cm$。一般测量采用直角坐标纸，此外还有半对数坐标纸、对数—对数坐标纸和三角坐标纸等。不同形式坐标纸的使用应以能获得最佳实验结果图形为准。

(9)手工作图所需工具主要有铅笔、直尺、曲线板、曲线尺和圆规等。铅笔一般以中等硬度为宜，太硬或太软的铅笔、颜色笔、钢笔等都不合适。直尺和曲线板应选用透明材质，作图时才能全面观察实验点的分布情况。

(10)曲线的具体画法：先用铅笔轻轻地依据各代表点的变动趋势，手描一条不平滑的曲线，然后用曲线板逐段按照手描线的曲率，画出平滑的曲线。作图时，要特别注意各段接合处的连续性。做好这一点的关键如下：①不要将曲线板上的曲边与手描线

所有重合部分一次描完,一般只描半段或 2/3 段;②描线时用力要均匀,尤其在线段的起、终点,应注意用力适当。

六、用计算机处理物理化学实验数据

物理化学实验数据量大,处理繁复,用传统坐标纸绘图费时费力,且易出现较大误差,甚至错误。采用计算机软件来处理实验数据,可以化繁为简,提高数据处理效率和准确度。常用于物理化学实验数据处理的计算机软件有 Microsoft Excel、Origin 等。下面主要介绍 Origin。

Origin 是由 OriginLab 公司开发的一个科学绘图、数据分析软件。它有简单易学、操作灵活、功能强大等特点,支持在 Microsoft Windows 下运行,绘制 2D/3D 图形。Origin 中的数据分析功能包括统计、信号处理、曲线拟合以及峰值分析。Origin 中的曲线拟合是采用基于 Levernberg-Marquardt 算法(LMA)的非线性最小二乘法拟合。Origin 拥有强大的数据导入功能,支持多种格式的数据,包括 ASCII、Excel 等。图形输出格式多样,如 JPEG、GIF、EPS、TIFF 等。它在物理化学实验中主要用来绘制散点图、点线图、双 x 或双 y 轴图形,以及对数据点进行线性拟合、非线性拟合等。下面介绍 Origin 的基本使用方法。

双击 Origin.exe 启动 Origin 软件,数据列数不够可以按【Ctrl】+【D】键添加,如图 1-2 所示。然后在【Long Name】行、【Units】行、【Comments】行中输入各列数据的名称、单位和备注。在数据栏中输入溶液浓度和最大泡压数据,如图 1-3 所示。

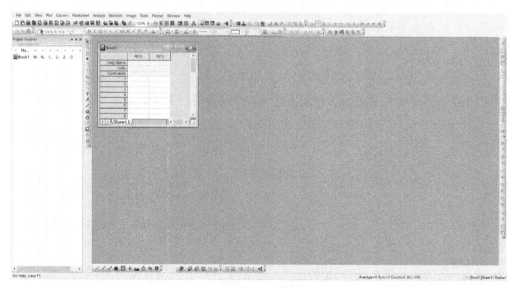

图 1-2　添加列

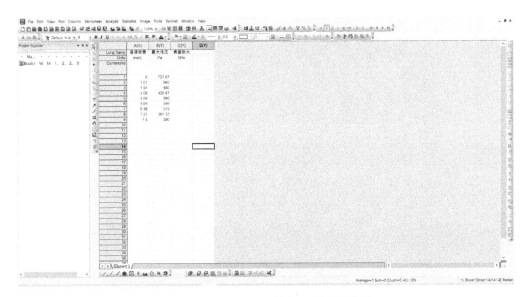

图 1-3　输入各列数据的名称、单位和备注

在第三列中选择需要计算的行,按【Ctrl】+【Q】键进入【Set Values】对话框,输入计算公式,如图 1-4 所示。单击【OK】按钮。

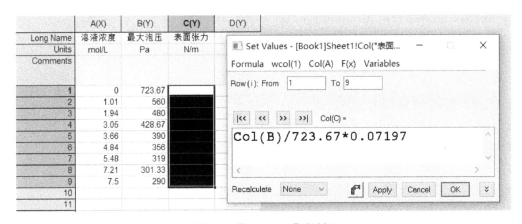

图 1-4　【Set Values】对话框

选中第三列,单击散点图快捷图标 ,如图 1-5 所示。

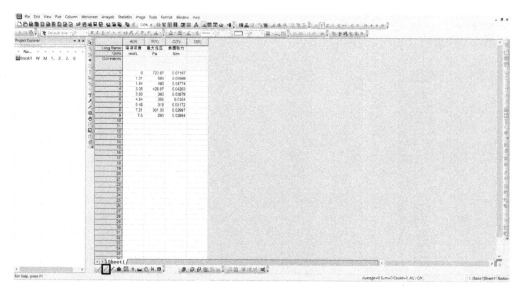

图 1-5　单击散点图快捷图标

按【F8】键，打开【Fitting Function Builder-Goal】（函数编辑器）窗口，选择【Create a New Function】选项，单击【Next】按钮，如图 1-6 所示。

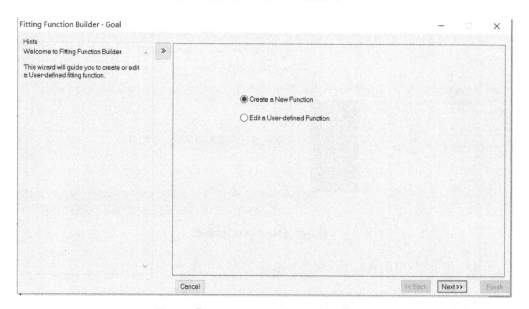

图 1-6　【Fitting Function Builder-Goal】窗口

单击【New】按钮，在弹出的【Category Name】对话框中输入"surface tension"，单击【OK】按钮，如图 1-7 所示。在【Function Name】中输入"surfacetension"（无空格），在【Description】中输入"最大泡压法测定溶液表面张力数据处理"，其余保持默认设置，如图 1-8 所示。

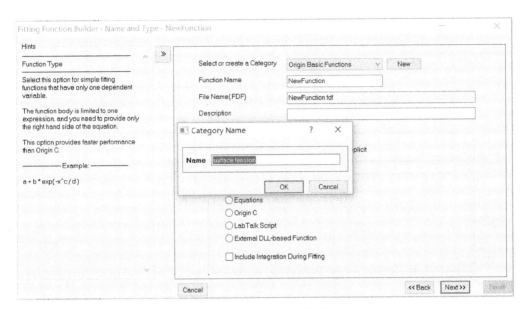

图 1-7 【Category Name】对话框

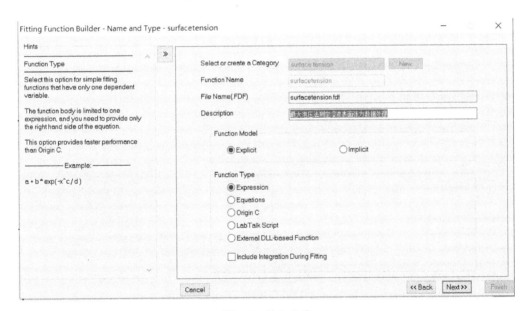

图 1-8 输入文字

单击【Next】按钮,在【Fitting Function Builder-Variables and Parameters-surfacetension】(变量和参数)对话框的【Parameters】栏中输入"R,T,gama0,gama1,k",单击【Next】按钮,如图 1-9 所示。

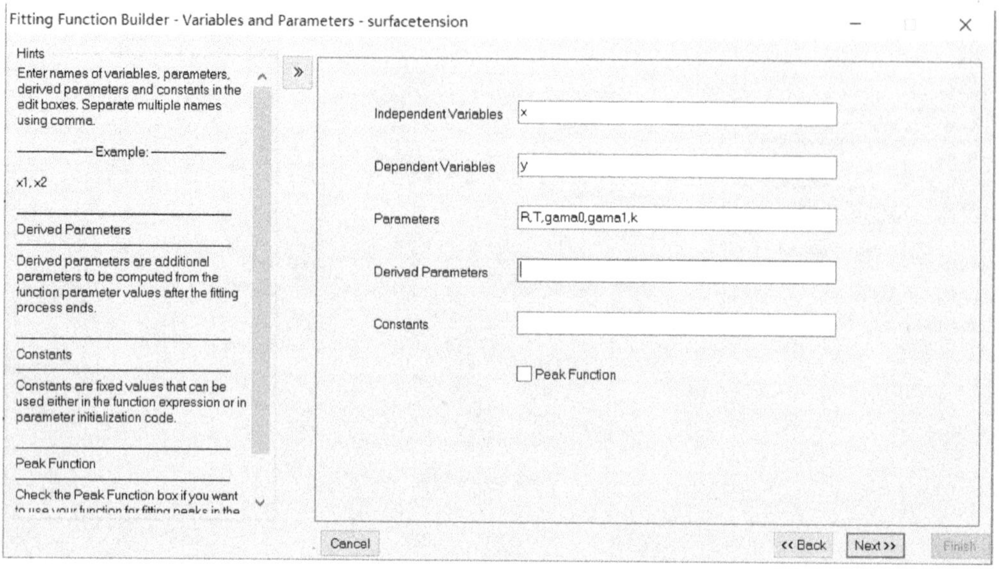

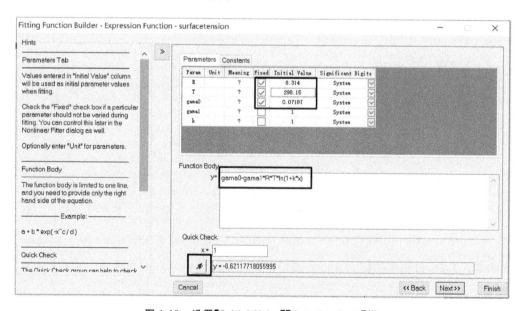

图 1-9　设置【Parameters】栏

　　将 R、T、gama0、gama1、k 的【Initial Value】（初始值）分别设为 8.314，298.15，0.07197，1，1，并固定 R、T、gama0 的值。【Function Body】栏中输入"gama0-gama1 * R * T * ln(1+k * x)"，单击 🏃 按钮，编译检查一遍。其余保持默认设置，单击【Finish】按钮，退出函数编辑器，如图 1-10 所示。

图 1-10　设置【Initial Value】【Function Body】栏

　　在下拉菜单中执行【Analysis】→【Fitting】→【Nonlinear Curve Fitt】→【Open Dialog】命令，或按【Ctrl】+【Y】键，打开非线性拟合对话框。在【Category】栏中下拉选择【surface tension】选项，在【Function】栏中下拉选择【surfacetension(User)】选项。

然后单击 ![button](1 次迭代)按钮,无错误发生。单击 按钮,如图 1-11 所示。在【Residual】中可以看到残差,了解数据与方程的离散程度,如图 1-12 所示。单击【Done】或【OK】按钮,完成非线性拟合,拟合出各个参数的最优值,如图 1-13 所示。

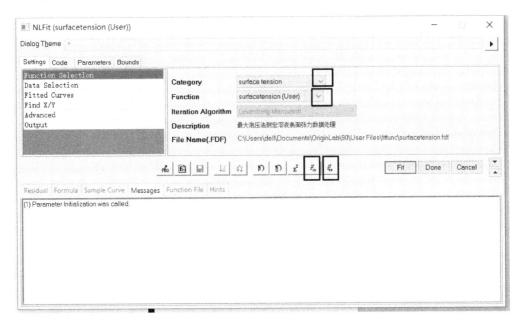

图 1-11 非线性拟合对话框

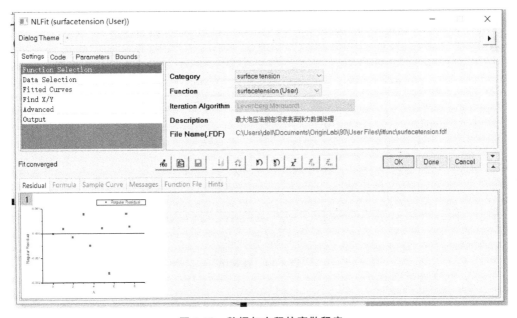

图 1-12 数据与方程的离散程度

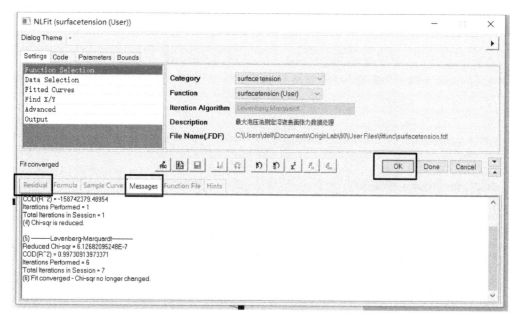

图 1-13　完成非线性拟合

Adj. R-Square(相关系数 R^2)表明了拟合结果的可靠性(越接近 1,方程越吻合实验数据,一般大于 0.99)。把 gama1、k、R^2 的数值记录在实验报告上。按【Ctrl】+【J】键,执行【Copy Page】命令,然后在 Word 文件中粘贴,将图复制到 Word 文件中,如图 1-14 所示。

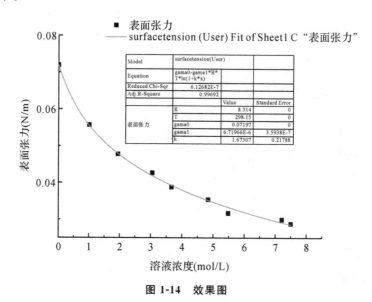

图 1-14　效果图

第二部分　实验

实验一　恒温水浴的组装及其性能测试

一、实验目的

(1)了解恒温水浴的构造及工作原理。

(2)学会恒温水浴的装配技术。

(3)测绘恒温水浴的灵敏度曲线。

二、实验原理

1.常见的温度控制方法

温度控制与测定在日常生活、生产及技术应用等方面有着非常重要的意义。许多物理化学数据,如折射率、蒸气压、电导率、黏度、化学反应速率等都会随温度的变化而改变。因此,这些物理化学数据的测定都必须在恒温条件下进行。控制被研究体系的温度,通常采用以下两种方法:

(1)物质的相变点温度。

一些物质处于相平衡时,温度恒定而构成一个恒温的介质浴,将需要恒温的测定对象置于该介质浴中,就可以获得一个高度稳定的恒温条件。不足之处在于,该方法获得的温度固定,无法根据实验需要调节所需温度。常用的控温媒介及相变温度有液氮($-195.9℃$)、冰-水($0℃$)、干冰-丙酮($-78.5℃$)、沸点水($100℃$)、沸点萘($218℃$)、沸点硫($444.6℃$)、$Na_2SO_4 \cdot 10H_2O$($32.38℃$)等。

(2)电子调节控温系统。

电子调节控温系统通过对加热器或制冷器工作状态进行自动调节,使被控对象处于设定的温度之下。该系统具有控温范围广、控温精度高、温度可随意调节等优点,是目前应用最广泛的一类控温系统。

2.恒温水浴构成及工作原理

本实验讨论的恒温水浴就是一种常用的电子控温装置。它通过电子继电器对加热器进行自动调节,以实现恒温的目的。当恒温浴因热量向外扩散等原因使体系温度低于设定值时,继电器控制加热器开始加热。当体系温度再次达到设定温度时,又自动停止加热。这样周而复始,就可以使体系温度在一定范围内保持恒定。

普通恒温水浴是由浴槽、加热器、搅拌器、水银温度计、接触温度计和继电器等组成,其装置如图 2-1 所示。为了测定恒温水浴的灵敏度,装置中还需要一支贝克曼温度计或一台数字式精密温差测量仪。

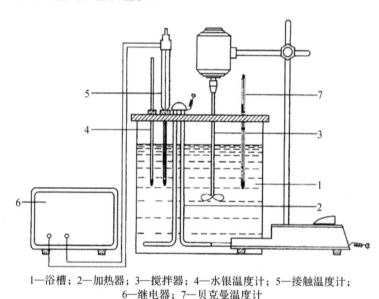

1—浴槽;2—加热器;3—搅拌器;4—水银温度计;5—接触温度计;
6—继电器;7—贝克曼温度计

图 2-1　恒温水浴装置

恒温水浴的组成及工作原理如下:

(1)浴槽。

浴槽包括容器和液体介质两部分。容器通常有金属槽和玻璃槽两种,槽的容量及形状视需要而定。一般情况下,如果要求设定的温度与室温相差较小,通常可用圆形玻璃缸作为容器;如果设定的温度与室温相差较大,则应对整个槽体进行保温,以减小热量传递速度,提高恒温精度(如超级恒温槽)。

槽内的液体介质通常选用热容较大的物质。恒温水浴则是以蒸馏水为工作介质。如果选用其他液体作为工作介质,则可以获得温度控制范围更广的恒温浴。一些常用液体介质及其工作温度范围如表 2-1 所示。

表 2-1　常用液体介质及其工作温度范围

液体介质	适用温度范围/℃
乙醇或乙醇水溶液	−60～30
蒸馏水	0～100
甘油	80～160
液体石蜡或硅油	70～200

（2）搅拌器。

搅拌器由小型电动机驱动,用变速器或变压器来调节搅拌速度。搅拌器一般安装在加热器附近,使热量迅速传递,以使槽内各部位温度均匀。

（3）加热器。

在要求的设定温度比室温高的情况下,必须不断供给热量以补偿水浴向环境散失的热量。电加热器的选择原则是热容量小、导热性能好、功率适当。若设定温度与室温相差较大,则应选用较大功率的加热器或采用多组加热器。

（4）温度计。

水银温度计　观察恒温浴的温度可选用分度值为 0.1℃ 的普通水银温度计,温度计的安装位置应尽量靠近被测系统。所用水银温度计读数应加以校正。

接触温度计　又称水银导电表(见图 2-2),其水银球上部焊有金属丝,温度计上部有另一金属丝,两者通过引出线接到继电器的信号反馈端。接触温度计的顶部有一磁性螺旋调节帽,用来调节上部金属丝触点的高低。[①] 同时,从温度调节指示螺母在标尺上的位置,可以估读出大致的控温设定温度值。浴槽温度升高时,水银膨胀并上升至触点,继电器内线圈通电产生磁场,加热线路弹簧片跳开,加热器停止加热。随后浴槽热量向外扩散,温度下降,水银收缩并与触点脱离,继电器的电磁效应消失,弹簧弹回,加热器回路接通,浴槽温度又开始回升。这样接触温度计反复工作,使系统的温度得以控制。因此,接触温度计是恒温水浴的感觉中枢,作为一个"自动开关",对恒温起着关键作用。值得注意的是,接触温度计所指示的温度很不精确,浴槽的温度通常以水银温度计指示温

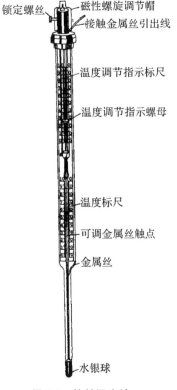

锁定螺丝　磁性螺旋调节帽　接触金属丝引出线　温度调节指示标尺　温度调节指示螺母　温度标尺　可调金属丝触点　金属丝　水银球

图 2-2　接触温度计

[①] 顺时针旋转磁性螺旋调节帽,调高设定温度。

度为准。如果温度计示数未达到设定温度,应上调接触温度计控温设定值;相反,若温度计示数超过了设定温度,则下调控温设定值。

贝克曼温度计 是精密测量温度差值的温度计,通常在燃烧热测定、凝固点降低法测定相对分子质量等实验中得到应用。水银球与贮汞槽由均匀的毛细管连通,其中除水银外是真空。刻度尺上的最大刻度一般只有 5℃,最小刻度为 0.01℃,可以估读到 0.001℃。

(5)继电器。

电磁式继电器一般由铁芯、线圈、衔铁、触点簧片等组成。继电器必须与加热器和接触温度计相连,才能起到控温作用。当设定温度高于室温时,接触温度计中的水银与金属丝断开,电磁铁的线圈中因无电流而不产生磁性,衔铁只在弹簧力的作用下,动触点与原静触点接合,加热回路接通,加热器工作,恒温水浴温度升高。当水浴温度达到设定温度时,接触温度计中的水银与金属丝接通,线圈中因有电流通过而产生电磁效应,衔铁在电磁力吸引的作用下克服弹簧的拉力吸向铁芯,加热回路断开,加热器停止加热。当实际温度再次低于设定温度时,上述继电器控制过程将自动重复进行。

3. 恒温装置灵敏度

恒温控制装置并不像"相变控温"一样获得高度稳定的恒温条件,其接触温度计的水银与控温金属丝刚连通时,加热器已经停止工作,但温度传递的滞后使加热器附近的水温偏高,且加热器自身还有余热向水浴传递,导致恒温水浴的温度会略高于设定温度。当加热器启动加热时,同样由于温度传递的滞后,水浴温度略低于设定温度。因此,该类恒温浴中的温度会随时间出现如图 2-3 所示的变化,该曲线即为恒温水浴的灵敏度曲线。恒温水浴的灵敏度曲线与采用的工作介质、感温元件、搅拌速度、加热功率大小、继电器的物理性质等因素有关。因此,该曲线可用来衡量恒温水浴的品质好坏。

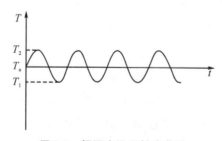

图 2-3　恒温水浴灵敏度曲线

恒温水浴灵敏度(S)又称恒温水浴的精度,通常以实测的最高温度与最低温度值之差的一半数值来表示。测定恒温水浴灵敏度的方法是,在设定温度下,观察温度随时间的变动情况。采用数字式精密温差测量仪所记录的温度为纵坐标,相应的时间为横坐标,即可绘制灵敏度曲线。如图 2-3 所示,T_a 为设定温度,波动最低温度为 T_1,最高温度为 T_2,则该恒温水浴的灵敏度如下:

$$S = \pm \frac{T_2 - T_1}{2} \tag{2-1}$$

总之,组装一个品质优良的恒温水浴,必须选择合适的组件,进行合理的安装,方可达到要求。为提高恒温效果,测量温度的水银温度计和恒温体系应放在恒温精度最好的区域。

三、仪器

仪器:恒温水浴设备 1 套[包括玻璃水槽、加热器、电动搅拌器、接触温度计、继电器、水银温度计(分度值 $0.1℃$)等],数字式精密温差测量仪(数字式贝克曼温度计)1台,秒表 1 块。

四、实验步骤

本实验的整体实施路线如图 2-4 所示。

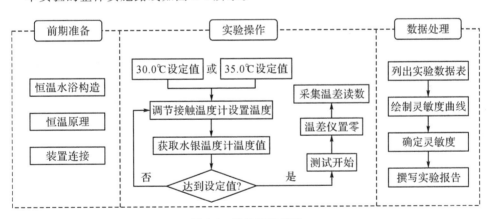

图 2-4 整体实施路线

1. 前期准备

(1)将蒸馏水灌入浴槽至容积的 3/4 以上,熟悉接触温度计的各个组成部分及工作机制。

(2)观察电路连接情况,如连接正常(见图 2-1),表明可以接通电源。

(3)了解继电器的工作状态,一般继电器指示灯为红灯时,加热器工作,绿灯时,加热器停止工作(不同的继电器有可能设置刚好相反)。

2.设定水温为 30.0℃

(1)先旋开接触温度计上端螺旋调节帽的锁定螺丝,再旋动磁性螺旋调节帽,使温度调节指示螺母位于大约 28℃处,然后拧紧锁定螺丝。接通电源,使搅拌器、加热器和继电器开始工作,观察精密温度计读数的变化,并留意继电器的指示灯,一旦指示灯出现跳换,就表明接触温度计中的水银已与控温金属丝的触点连接,加热器已停止工作,此时精密温度计的读数可视为实际的设定温度。与指示螺母所对应的温度进行比对,可了解接触温度计的指示偏差。

(2)根据上述偏差结果,重新调节接触温度计至待设定的 30.0℃,密切关注精密温度计读数的变化,并时刻注意继电器指示灯的跳换。当水浴温度接近 30.0℃(如 29.5℃)时,再次松开锁定螺丝,顺时针或逆时针转动磁性螺旋调节帽,使金属丝触点与水银处于刚刚接通与断开的状态(即让继电器指示灯不停跳换的点)。而后小幅度转动磁性调节螺帽,以此控制水浴温度的缓慢升高,直到温度升至 30.0℃ 为止,然后旋紧锁定螺丝。

(3)在温度调节过程中,一旦发现水浴温度超过设定温度 0.5℃,应停止加热,并将浴槽中的热水舀出,加冷水,重新设定温度并实验。

3.测定水温为 30.0℃时的灵敏度曲线

数字式精密温差测量仪的传感器探头应置于精密温度计水银球的旁边。当恒温水浴的温度刚好为 30.0℃ 时,按下温差测量仪的"置零"按钮,如此,温差测量仪的 0.000℃对应着水浴的 30.0℃。每隔一定时间(如 15s)记录一次温差测量仪的读数,将数据整理列表。数据应包含 3 个以上的温度波动周期。

4.测定水温为 35.0℃时的灵敏度曲线

参照步骤 2,设定水温为 35.0℃。

步骤 3 关于灵敏度曲线的测试方法是基于贝克曼温度计设计的,对于可实时观察的数字式精密温差测量仪而言,该方法并非最佳选择。请根据实验原理及前期实验经验,重新设计实验步骤,并在 35.0℃灵敏度曲线的测定中加以实践。

五、数据处理

(1)列表记录实验数据(见表 2-2)。

表 2-2　实验数据记录

间隔时间/s	温度差读数/℃	间隔时间/s	温度差读数/℃	间隔时间/s	温度差读数/℃

(2)绘制灵敏度曲线,并从灵敏度曲线中确定其灵敏度。

(3)根据所绘灵敏度曲线,对恒温水浴性能进行评价。

六、思考题

(1)如何判断恒温水浴控温性能的优劣? 欲提高其控温性能,主要通过哪些途径?

(2)恒温水浴的实际温度超过设定温度时如何处理?

(3)精密温差测量仪的零点误差会不会影响恒温槽灵敏度的测量,为什么?

(4)列出要装配一个最简易恒温水浴所需的配件清单。

七、参考文献

[1] 吕仁刚,胡耀云,高妍,等.水银温度计刻度校正方法的研究与改进[J].山东化工,2020,49(23):203-204.

[2] 罗澄源,向明礼,等.物理化学实验[M].4 版.北京:高等教育出版社,2004.

[3] 程灏.贝克曼温度计的基点及其调整[J].煤质技术,2002(3):48.

实验二 燃烧热的测定

一、实验目的

(1)掌握燃烧热的定义,了解恒压燃烧热与恒容燃烧热的差别及相互关系。

(2)熟悉量热计中主要部分的原理和作用,掌握氧弹量热计的实验技术。

(3)学会用氧弹量热计测定苯甲酸和萘的燃烧热。

(4)学会用雷诺温度校正法校正温度改变值。

二、实验原理

1.燃烧热与量热

根据热化学的定义,1mol物质完全氧化时的反应热被称作燃烧热。燃烧热的测定,除了有其实际应用价值外,还可以用于计算化合物的生成热、键能等。

量热法是热力学的一种基本实验方法。在恒容或恒压条件下,可以分别测得恒容燃烧热 Q_V 和恒压燃烧热 Q_p。由热力学第一定律可知, Q_V 等于体系热力学能改变量 ΔU, Q_p 等于其焓变 ΔH。若把参加反应的气体和反应生成的气体都作为理想气体处理,则它们之间存在以下关系:

$$\Delta H = \Delta U + \Delta(pV)$$
$$Q_p = Q_V + \Delta nRT \tag{2-2}$$

式中, Δn 为反应前后反应物和生成物中气体的物质的量之差;R 为摩尔气体常数;T 为反应时的热力学温度。

量热计的种类很多,本实验所用的氧弹量热计是一种环境恒温式量热计。氧弹量热计测量装置如图 2-5 所示。图 2-6 是氧弹的剖面图。

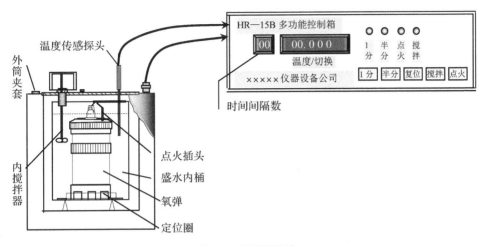

图 2-5　氧弹量热计

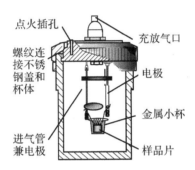

图 2-6　全自动及半自动式单头氧弹

2.氧弹量热计

氧弹量热计测定燃烧热的基本原理是能量守恒定律。样品完全燃烧后所释放的能量使得氧弹本身及其周围的介质和量热有关附件的温度升高,则测量介质在燃烧前后体系温度的变化值,就可计算该样品的恒容燃烧热。其关系式如下:

$$\frac{m}{M}Q_V + l \cdot Q_l = C_j \cdot \Delta T \tag{2-3}$$

式中,m 和 M 分别为样品的质量和摩尔质量;Q_V 为样品的恒容燃烧热;l 和 Q_l 是引燃用铁丝的质量和单位质量的燃烧热;C_j 为量热系统的热容,即量热系统升高 1℃所需的热量;ΔT 为样品燃烧前后水温的变化值。

为了保证样品完全燃烧,氧弹中须充以高压氧气或其他氧化剂。因此,氧弹应有很好的密封性能,耐高压且耐腐蚀。氧弹应放在一个与室温一致的恒温套壳中。盛水桶与套壳之间有一个高度抛光的挡板,以减少热辐射和空气的对流。

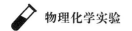

3.雷诺温度校正图

实际上,量热计与周围环境的热交换无法完全避免,它对温度测量值的影响可用雷诺(Renolds)温度校正图校正。具体方法如下:称取适量待测物质,估计其燃烧热可使水温上升 1.5～2.0℃。预先调节内桶水温使其低于外桶夹套水温 1.0℃左右。按步骤进行测定,根据燃烧前后观察所得的一系列内桶水温和时间关系作图,可得如图 2-7 所示的曲线。图中 H 点意味着燃烧开始,热量传入介质;D 点为观察到的最高温度值;从相当于外桶水温的 J 点作水平线交曲线于 I 点,过 I 点作垂线 ab,再将 FH 线和 GD 线分别延长并交 ab 线于 A、C 两点,AC 间的温度差值即为经过校正的 ΔT。

在某些情况下,量热计的绝热性能良好,热漏很小,而搅拌器功率较大,不断引进的能量使得曲线不出现极高温度点,如图 2-8 所示。其校正方法与前述相似。

本实验采用数字式精密温差测量仪来测量温度差。

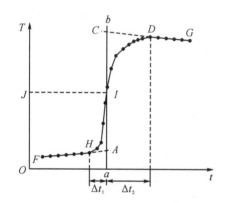
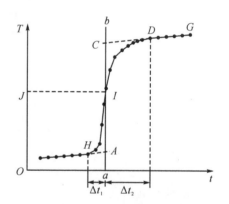

图 2-7　绝热性稍差情况下的雷诺温度校正图　　图 2-8　绝热性良好情况下的雷诺温度校正图

三、仪器与试剂

仪器:氧弹量热计 1 套,数字式精密温差测量仪 1 台,案秤(10kg)1 台,氧气钢瓶 1 只,秒表 1 块,氧气减压阀 1 只,分析天平 1 台,压片机 1 台,引燃专用镍铬丝,塑料桶 1 个,剪刀 1 把,容量瓶(1000mL,2000mL)2 个。

试剂:苯甲酸(分析纯),萘(分析纯)。

四、实验步骤

本实验的整体实施路线如图 2-9 所示。

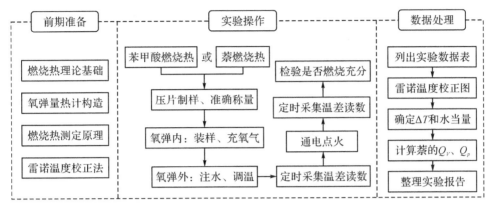

图 2-9　整体实施路线

1.测定量热计的水当量

(1)样品制作。

用粗天平称取约 1.15g 的苯甲酸,在压片机上稍用力压成圆片。用镊子将样品在干净的称量纸上轻击 3 次,除去表面松散粉末后再用分析天平称量,精确至 0.0001g。

(2)装样并充氧气。

拧开氧弹盖,将氧弹内部擦干净,尤其是电极部位。测量金属小杯质量后,小心将样品片放置在金属小杯中部。取约 10cm 长的引燃镍铬丝,将引燃镍铬丝的中段绕成螺旋形 8 圈。将螺旋部分紧贴在样片的表面,两端如图 2-6 所示固定在电极上(引燃镍铬丝不能与金属器皿相接触)。旋紧氧弹,将导气口与氧气钢瓶上的减压阀相连接。打开氧气阀门,向氧弹中充入 1.2~1.3MPa 的氧气。[①]

(3)调水温并测量。

取约 4kg 水于塑料盆中,并不断搅拌,用冰块或热水调节水温至比外桶夹套中的水温低约 1.5℃。开启数字式精密温差温量仪,将测温探头置于外桶测温孔内,至温差变化不大于 0.002℃/min,记录此时温度为环境温度(即雷诺温度校正图中的 J 点)。将氧弹两电极用导线与点火变压器相连接,再将氧弹架放入盛水桶中,固定在氧弹架上。用台秤准确称取已被调节到低于外桶夹套水温 1.5℃ 的自来水 3000g 于内桶。接上电极,盖上盖子后,将其插入内桶,开动搅拌电动机(此时内桶水温应比外桶水温低 1.0℃左右)。待温度稳定上升后,每隔 1min 读取一次温度(准确读至 0.001℃)。10min 之后,按下变压器上电键通电 4~5s 点火。自按下电键后,温度读数改为每隔 15s 一次,直至两次读数差值小于 0.005℃,读数间隔恢复为 1min 一次,继续 10min 后方可停止试验。

[①]　氧弹放水中不应冒气泡。漏气则需查明原因。

（4）关闭电源后,取出数字式精密温差测量仪的探头,再取出氧弹,用放气帽把氧弹中余气放出。旋开氧弹盖,检查样品燃烧是否完全。氧弹中应没有明显的燃烧残渣,若发现黑色残渣,则应重做实验。[①] 称量剩余未燃烧的镍铬丝的重量。最后擦干氧弹和盛水内桶。

2.萘的燃烧热测定

称取约 0.75g 的萘,按上述方法进行测定。

五、数据处理

（1）作苯甲酸和萘燃烧的雷诺温度校正图,求出苯甲酸和萘燃烧前后的温度差 ΔT。

（2）根据苯甲酸的 ΔT、恒容燃烧热 Q_V 计算水当量。

（3）根据水当量和萘的 ΔT 计算萘的恒容燃烧热 Q_V。

（4）计算萘的恒压燃烧热 Q_p。

（5）根据所用仪器的精度,正确表示测量结果,并指出最大测量误差。

六、思考题

（1）固体样品为什么要压成片状? 挥发性液体如何准确计量?

（2）在燃烧热实验中,哪些是体系? 哪些是环境? 有无热交换? 若有热交换,那么这些热交换对实验结果有何影响,如何处理?

（3）开始加入内桶的水温为什么要选择比环境温度低 1℃ 左右?

（4）在用苯甲酸标定水当量与测定萘的燃烧热时,量热计内桶的水量是否一致,为什么?

（5）在燃烧热实验中,哪些因素容易带来实验误差? 如何改进实验精度?

七、参考文献

[1] 傅献彩,沈文霞,姚天扬,等.物理化学:上册[M].5 版.北京:高等教育出版社,2005.

[2] 刘浴枫.国内外氧弹热量计发展现状及建议[J].煤化工,2006,34(6):8-11.

[3] 李震.氧弹式量热法测燃烧热实验的改进[J].大学化学,2001,16(4):36-38.

[4] 魏丰源.Origin 直接绘制雷诺温度校正图法处理燃烧热实验数据[J].大学化

---

① 样品顺利点燃及燃烧完全,是本实验最重要的一步。

学,2019,34(7):105-108.

[5] 胡玮,张干兵."燃烧热测定"实验中温度差的控制分析[J].实验室科学,2020,23(1):30-32.

[6] 李玉姣,陶呈安,宋琛超.氧弹实验 T-t 曲线 J 点的确定方法研讨[J].云南化工,2019,46(12):193-194.

八、附录

1. 讨论与拓展

(1)氧弹量热计是一种较为精准的经典实验仪器,在生产实际中仍广泛用于测定可燃物的热值。

有些精密的测定,需对实验用的氧气中所含氮气的燃烧值进行校正。为此,可预先在氧弹中加入 5mL 蒸馏水。燃烧后,将所生成的稀 HNO_3 溶液倒出,再用少量蒸馏水洗涤氧弹内壁,一并收集到 150mL 锥形瓶中,煮沸片刻,用酚酞作指示剂,以 $0.1mol \cdot L^{-1}$ 的 NaOH 溶液标定。每毫升碱液相当于 5.98J 的热值。这部分热能应从总的燃烧热中扣除。

(2)本实验装置也可用来测定可燃液体样品的燃烧热。以药用胶囊作为样品管,并用内径比外胶囊大 $0.5\sim1.0mm$ 的薄壁软玻璃管套住,装样示意如图 2-10 所示。胶囊的平均燃烧热值应预先标定以便扣除。

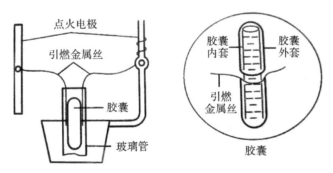

图 2-10　胶囊套与玻璃管装样示意图

(3)若用本实验装置测得苯、环己烯和环己烷的燃烧热,则可计算苯的共振能。苯、环己烯和环己烷 3 种分子都含有碳六元环,环己烷和环己烯的燃烧焓 ΔH 的差值 ΔE 与环己烯上的孤立双键结构相关,它们之间存在下述关系:

$$|\Delta E| = |\Delta H_{环己烷}| - |\Delta H_{环己烯}| \tag{2-4}$$

如果将环己烷与苯的经典定域结构相比较,两者燃烧焓的差值似乎应等于 $3\Delta E$,但事实证明:

$$|\Delta H_{环己烷}| - |\Delta H_{苯}| > 3|\Delta E| \qquad (2\text{-}5)$$

显然,这是由于共轭结构导致苯分子的能量降低,其差额正是苯分子的共轭能 E,即满足:

$$|\Delta H_{环己烷}| - |\Delta H_{苯}| - 3|\Delta E| = E \qquad (2\text{-}6)$$

将(2-4)式代入(2-6)式,再根据 $\Delta H = Q_p = Q_V + \Delta n RT$,经整理可得到苯的共轭能与恒容燃烧热的关系式:

$$E = |3Q_{V,环己烯}| - 2|Q_{V,环己烷}| - |Q_{V,苯}| \qquad (2\text{-}7)$$

这样,通过一个经典的热化学实验,将热力学数据比较直观地与一定的结构化学概念联系起来,有利于开阔学习思路。

(4)本实验室用数字式精密温差测量仪测量温度,也可以用热电堆或其他热敏元件代替,或用自动平衡记录仪自动记录温度及其变化情况。

2. 实验故障分析

实验故障及可能的原因如表 2-3 所示。

表 2-3　实验故障及可能的原因

实验故障	可能的原因
不能点火	检查电极间电阻 压片太紧,重新压片 引燃丝脱离样片
燃烧不完全	压片太松,部分样品散落在氧弹中 氧气量不足
测量值系统偏高	氧气不纯 搅拌功率太大
测量值系统偏低	样品不够干燥 量热计热漏严重

实验三 纯液体饱和蒸气压的测定

一、实验目的

(1)明确纯液体饱和蒸气压的定义及气、液两相平衡的概念,了解纯液体饱和蒸气压与温度的关系——克劳修斯-克拉贝龙(Clausius-Clapeyrom)方程式。

(2)采用静态法测定环己烷在不同温度下的饱和蒸气压,掌握真空泵的使用。

(3)学会用图解法求所测液体在实验温度范围内的平均摩尔蒸发焓与正常沸点。

二、实验原理

饱和蒸气压是指一定温度下与纯液体相平衡时的蒸气压力。它是物质的特性参数。纯液体的蒸气压是随温度变化而改变的,温度升高,蒸气压增大;温度降低,则蒸气压减小。当蒸气压与外界压力相等时,液体便沸腾;与外压不同时,液体的沸点也不同。通常把外压为 100kPa 时的沸腾温度定义为液体的正常沸点。

液体饱和蒸气压与温度的关系可用克劳修斯-克拉贝龙方程式表示:

$$\ln p^* = -\frac{\Delta_v H_m}{RT} + C \tag{2-8}$$

式中,p^* 为液体的饱和蒸气压;$\Delta_v H_m$ 为液体的摩尔蒸发焓;R 为摩尔气体常数;T 为热力学温度;C 为积分常数。由式可知,在一定外压时,测定不同温度下的饱和蒸气压 p^*,以 $\ln p^*$ 对 $1/T$ 作图,可得一直线,由直线的斜率可求得实验温度范围内液体的平均摩尔蒸发焓 $\Delta_v H_m$。将直线外推至 100kPa,所对应的温度为其正常沸点。

饱和蒸气压的测定方法有两种。

1.静态法

把待测物质放在一封闭系统中,在不同温度下直接测量蒸气压,或在不同外压下测液体的沸点。

2.饱和气流法

在一定的温度和压力下,把载气缓慢通过待测物质,使载气被待测物质的蒸气所饱和,然后用另外一种物质吸收载气中待测物质的蒸气,测定一定体积的载气中待测

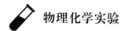

物质蒸气的重量,即可计算其分压。此法一般用于在常温下蒸气压较低的待测物质平衡压力的测量。

本实验采用静态法,通过测定不同温度下 b、c 两管中液面齐平时的外压,得到其蒸气压与温度间的关系。所采用的装置如图 2-11 所示。实验采用压力平衡管测定蒸气压。其原理如下:平衡管由 3 个相连的玻璃管 a、b 和 c 组成,a 管中储存液体,b 和 c 管中液体在底部相通。当 a 和 b 管上部充满待测液体的蒸气,b 和 c 管的液体在同一水平上时,则加在 c 管液面上的压力与加在 b 管液面上的蒸气压相等,此时液体温度即系统的气液平衡温度。

根据克劳修斯-克拉贝龙方程,由式(2-8)可知,在一定温度范围内,测定不同温度下的饱和蒸气压,以 $\ln p^*$ 对 $1/T$ 作图可得一直线,由直线的斜率可以求出实验温度范围内液体的平均摩尔蒸发焓 $\Delta_v H_m$。

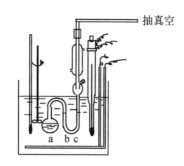

图 2-11　液体饱和蒸气压实验装置

三、仪器与试剂

仪器:恒温槽 1 套,数字式低真空测压仪 1 台,稳压气包 1 只,等压计 1 支,真空泵 1 台。

试剂:环己烷(分析纯)。

四、实验步骤

本实验的整体实施路线如图 2-12 所示。

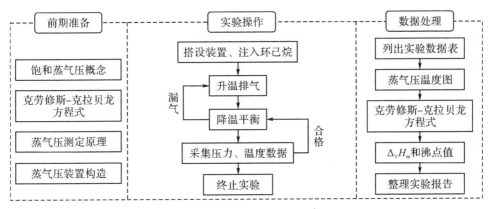

图 2-12 整体实施路线

1.搭设装置

(1)等压计、缓冲罐(见图 2-13)、真空泵[①]用橡皮管连接好。

(2)灌装等压计中液体使等压计小球内环己烷的量为小球容积的 2/3。液体装入方法如下:将干净的平衡管放入烘箱中或在热水中烘热,赶走管内部分空气,将液体从 c 管的管口灌入。a 管冷却后,部分液体可以经 b 管流入 a 管。反复两三次,使液体灌至 a 管高度的 2/3 为宜。

(3)恒温槽调试,加热、搅拌观察。通冷凝水开始实验。

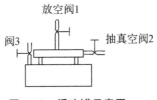

图 2-13 缓冲罐示意图

2.升温排气

恒温槽[②]加热至 80℃,压力计读数显示 −10～−5kPa,恒温 5～8min,此时 c 管中可以观察到冒泡现象,即 a 管中的空气随着环己烷蒸气通过 b 管排到 c 管上方,环己烷蒸气在冷凝管作用下冷凝,回流至 c 管下方,在 b、c 两管中形成 U 形等压计。验证 a 管上方空气是否排尽,可控制温度不变,初测出其蒸气压 p_1 之后,降低压力,重新排气 3min,然后在相同温度下测出蒸气压 p_2,$|p_1 - p_2|$ 小于 70Pa 即可符合要求。一般情况下,排空气 5min 后基本可达到要求。

---

① 关停真空泵必须先通大气(解除真空)再关电源。开泵之前需检查泵内液面位置,液面较低时严禁开启。
② 恒温槽水位需高过 a、b 两管,保证温度的准确性。

3. 降温平衡

缓慢冷却恒温槽内的水,控制水温在 79℃ 左右,确保阀 3 一直处于开启状态,随时调节阀 1[①]、阀 2 使 b、c 两管内环己烷液面随时保持等高。[②]

4. 记录温度、压力数据

b、c 两管液面稳定后记录压力,同时记录温度。记下第一组压力、温度数据后,根据经验公式估计 a 管上方空气是否排尽。若空气已经排尽,则继续降温约 2℃,可在降温前预先将压力减少 3kPa,此时冒泡较为剧烈;待温度快接近目标温度时,调节阀 1 或阀 2,使 b、c 两管液面等高(气泡排出 a 管后,不得倒灌回去)。然后进行下一个温度下气、液两相平衡时压力、温度的测量。若空气未排尽或者实验过程中有空气漏进 a 管,则需重新排气。

5. 结束

当恒温槽中水温降至 60℃ 以下时,缓慢打开阀 1、阀 2,使压力恢复至常压,关闭真空泵,关闭电源,拆下实验装置,结束实验。

五、数据处理

(1)温度的测量是本实验误差的主要来源之一,温度计必须进行露茎校正。详见实验四。

(2)绘制 $\ln p^* - 1/T$ 图,从图上求出实验温度范围的液体平均摩尔蒸发焓 $\Delta_v H_m$ 和正常沸点。

六、思考题

(1)体系中的气体部分含有空气等惰性气体时,是否会对饱和蒸气压的测定产生影响?

(2)怎样才能把体系中的空气排到环境中去,使得体系的气体部分几乎全部由被测液体的蒸气所组成? 如何判断空气已被赶净?

(3)以本实验中的装置来说,哪一部分是体系?

(4)b、c 之间的 U 形状液体所起到的作用是什么?

(5)能否用本法测定溶液的蒸气压?

---

① 阀 1 既是放空阀,也是压力微调开关,实验时需仔细缓慢地调节。
② 等压计内小球上方封闭空间的空气必须赶净,且每次测量时都要防止空气倒灌。

七、参考文献

[1] 蒋风雷,蔡雨萌,邓立志,等.静态法和动态法测量乙醇饱和蒸气压的比较[J].大学化学,2015,30(4):47-53.

[2] 武汉大学化学与分子科学学院实验中心.物理化学实验[M].2版.武汉:武汉大学出版社,2012.

[3] 复旦大学,等.物理化学实验[M].3版.北京:高等教育出版社,2004.

[4] 司玉军,刘新露,李敏娇.简明物理化学实验[M].2版.重庆:重庆大学出版社,2014.

[5] 宋建华,李楠.物理化学教学中3个易错例题的分析[J].化学教育,2017,38(22):32-33.

[6] 肖志友,杨志勇,魏娴,等.关于物理化学实验"液体饱和蒸气压测定实验"教学的几点建议[J].广东化工,2019,46(10):194-195.

八、附录

文献值

环己烷的正常沸点为80.7℃;环己烷在25℃时的摩尔蒸发焓为33.06 kJ/mol,在沸点时的摩尔蒸发焓为29.98 kJ/mol。

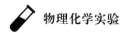

实验四　双液系气-液平衡相图

一、实验目的

（1）绘制标准大气压下环己烷-异丙醇双液系的气-液平衡相图。

（2）掌握用沸点仪测定双组分液体沸点的方法。

（3）掌握用折光率确定二元液体组成的方法。

（4）掌握阿贝（Abbe）折光仪的使用方法，了解阿贝折光仪的测量原理。

二、实验原理

两种液态物质混合而成的二组分体系称为双液系。两种液态物质若能按任意比例互相溶解，称为完全互溶双液系；若只能在一定比例范围内溶解，称为部分互溶双液系。环己烷-异丙醇二元体系属于完全互溶双液系。

在一定外压下，单组分（纯）液体的沸点有其确定值，但双液系的沸点除外压外，还与两种液体的相对含量有关，且其在一定蒸馏温度下达成平衡时，共存的气、液两相的组成并不相同。通常用几何作图的方法以双液系的沸点对其气、液两相的组成作图，所得图形称为双液系的沸点（T）-组成（x）图，即 T-x 相图。完全互溶的双液系 T-x 图可分为以下 3 类：

（1）溶液的沸点介于 2 个纯组分沸点之间，如苯与甲苯体系（见图 2-14）。

（2）溶液会出现最低恒沸点，如环己烷-乙醇体系（见图 2-15）。

（3）溶液会出现最高恒沸点，如盐酸与水体系（见图 2-16）。

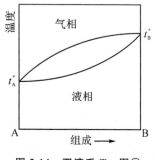
图 2-14　双液系 T-x 图①

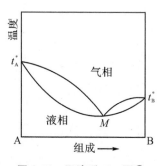
图 2-15　双液系 T-x 图②

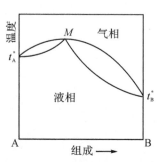
图 2-16　双液系 T-x 图③

图 2-15 为有最低恒沸点体系的 T-x 图,图中下方曲线是液相线,上方曲线是气相线。如在相图中介于最高与最低沸点间的某温度 T 处画一条等温水平线,其与气相线、液相线交点所对应的组成,则表示该温度(沸点)下平衡时气、液两相的组成。这 2 个组成一般是不相同的,只有 M 点的气、液两相组成相同,M 点所对应的温度即为该体系的最低恒沸点,所对应的组成为该恒沸点混合物的组成。因此,恒沸点混合物仅靠蒸馏无法改变其组成。

本实验选择一个具有最低恒沸点的环己烷-异丙醇体系。在常压下测定一系列不同组成混合溶液的沸点及在沸点时已达平衡的气、液两相的组成,绘制 T-x 图,并从相图中确定恒沸点的温度和组成。

测定沸点的装置叫沸点测定仪(见图 2-17)。这是一个带回流冷凝管的长颈圆底烧瓶。冷凝管底部有一半球形小室,用以收集冷凝下来的气相样品。电流通过浸入溶液中的电热丝进行加热,这样既可减少溶液沸腾时的过热现象,还能防止暴沸。

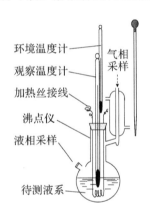

图 2-17　沸点测定仪示意图

本实验选用的环己烷和异丙醇,折光率相差较大,而折光率的测定又只需少量样品,所以,可用折光率-组成工作曲线来测得平衡体系的两相组成。折光率测定所用的阿贝折光仪,其构造及使用方法详见本实验附录。

三、仪器与试剂

仪器:沸点测定仪 1 个,阿贝折光仪 1 台,直流稳压电源 1 台,水银温度计(50～100℃,分度值 0.1℃)1 支,玻璃温度计(0～100℃,分度值 1℃)1 支,超级恒温水浴 1 台,长短滴管各 1 支。

试剂:环己烷(分析纯),异丙醇(分析纯)。

实验室已预先配制用于作工作曲线的系列环己烷-异丙醇标准溶液,以及用于测试沸点的粗配溶液。前者环己烷的摩尔分数为 0.10、0.20、0.30、0.40、0.50、0.60、

0.70、0.80、0.90,后者环己烷的摩尔分数约为 0.05、0.15、0.30、0.45、0.55、0.65、0.80、0.95。

四、实验步骤

本实验的整体实施路线如图 2-18 所示。

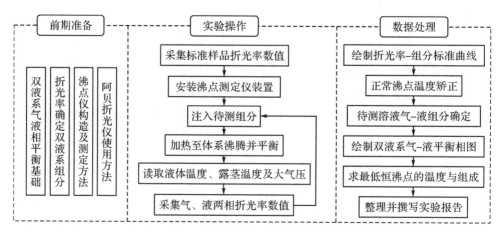

图 2-18 整体实施路线

1.绘制标准曲线

(1)调节恒温水浴温度,使阿贝折光仪上的温度计读数保持在某一定值。

(2)测量 9 个标准溶液以及环己烷和异丙醇的折光率,每个溶液的折光率需重复取样不少于 2 次,每份样品需读数 3 次,每次误差不得大于 0.0002,取平均值。

2.安装沸点测定仪

将干燥的沸点测定仪如图 2-17 所示安装好。电热丝要靠近烧瓶底部的中心,观察温度计的水银球距离电热丝至少 1cm。

3.测定溶液沸点

(1)取掉塞子,加入所要测定的溶液(约 40mL)。注意:①电热丝必须完全浸没在溶液中,不得露出液面,否则通电加热会引起有机液体燃烧或有燃爆;②观察温度计的水银球不得碰触电阻丝,且其一半浸入液相中,一半露在蒸气中,即液面应处于水银球的中部位置。

(2)接好加热线路,打开冷凝水,接通电源。调节稳压电源的电压旋钮,将加热电压由零开始逐渐增至 10～15 V,使溶液缓慢加热。当液体沸腾后[①],再调节电压,使蒸气在冷凝管中回流的高度保持在 2cm 左右。

(3)保持沸腾状态,待观察温度计的读数稳定后再维持 3～5min,以使体系达到平衡(温度读数恒定不变)。在此过程中,不时将小球中凝聚的液体倾入烧瓶中两三次(注意,倾倒时电热丝不得露出液面),记录观察温度计读数、露茎温度及大气压力。

4. 测定平衡时气、液两相的组成

停止加热,随即在冷凝管上口插入长吸液管吸取小球中的冷凝液,并迅速测其折光率。再用另一短吸液管,从沸点仪的液相采样口吸取液体迅速测其折光率。迅速测定是为防止样品由于蒸发而改变成分。每份样品同样需读数 3 次后取平均值。(注意:必须在停止通电加热后,方可取样测试。)

5. 其他样品的测试

(1)按照环己烷浓度从小到大或从大到小的顺序,再以相同方法测试其他溶液样品。每次更换溶液时,沸点仪无须清洗、烘干。每次更换溶液后,要保证测试条件尽量相同(包括水银温度计和电阻丝的相对位置等)。每个样品测试完毕后,将沸点仪中的溶液倒回原瓶。

(2)测定环己烷和异丙醇两纯净物的沸点时,沸点仪必须事先清洗、烘干,并同样测量气、液两相的折光率,以确保液体的纯度。样品测试完毕后,液体不得倒回原试剂瓶。

五、数据处理

1. 沸点温度校正

(1)正常沸点。

在标准大气压下测得的沸点称为正常沸点,通常外界气压并不恰好等于 100kPa,因此,应对实验测得值做压力校正。校正式(2-9)是从特鲁顿(Trouton)规则及克劳修斯-克拉贝龙方程推导而得。

$$\Delta t_{\text{压}}/℃ = \frac{273.15 + t_A/℃}{10} \times \frac{100000 - p/\text{Pa}}{100000} \qquad (2\text{-}9)$$

式中,$\Delta t_{\text{压}}$ 为因压力不等于 100kPa 而带来的沸点温度误差;t_A 为实验测得的摄氏沸

---

① 回流的好坏直接影响实验质量。注意回流时电热丝的电压不宜过大,以维持被测液体刚刚沸腾的状态。此外,气相冷凝要完全。回流好坏的标志是能否在较短的时间内达到稳定的沸腾温度。

点温度;p 为实验条件下的大气压。

（2）温度露茎校正。

在做精密的温度测量时,需对温度计读数进行校正。除了温度计的零点和刻度误差等因素外,还应做露茎校正。这是由于玻璃水银温度计未能完全置于被测体系中而引起的。根据玻璃与水银膨胀系数的差异,校正值计算式为:

$$\Delta t_{露} = 1.6 \times 10^{-4} h(t_A - t_B) \tag{2-10}$$

式中,t_A 为观察温度计的实际读数;t_B 为露茎部位的温度值;h 为露出在体系外的水银柱长度,以℃为单位,即图 2-17 中观察温度计的实际读数与沸点仪橡皮塞处温度计读数之间的差值。

（3）经校正后的体系正常沸点应为:

$$t_{沸} = t_A + \Delta t_{压} + \Delta t_{露} \tag{2-11}$$

（4）根据异丙醇和环己烷的沸点判断是否需要对温度计零点和刻度做校正。

2. 相图的绘制及最低恒沸点的确定

（1）将环己烷-异丙醇体系的折光率与组成的关系列表,并绘制工作曲线。

（2）从对应的折光率-组成工作曲线中查得各溶液气、液两相的组成。

（3）将异丙醇、环己烷以及系列溶液的校正沸点以及气、液两相组成列表,绘制相图。

（4）从相图上确定最低恒沸点的温度及组成。

六、思考题

（1）为什么工业上常产生 95% 酒精? 只用精馏含水酒精的方法是否能获得无水酒精?

（2）为什么溶液沸点测试时,每次更换溶液无须清洗、烘干沸点仪,而测定纯液体的沸点时,沸点仪必须事先清洗、烘干?

（3）用阿贝折光仪测定液体的折光指数时,每个样品为什么要重复测 3 次?

（4）溶液沸腾后,最初在冷凝管下端小球凝聚的液体能不能代表平衡时气相的组成,为什么? 如用最初凝聚的液体作为平衡时气相的组成,绘出的相图图形会发生什么变化?

七、参考文献

[1] 傅献彩,沈文霞,姚天扬,等.物理化学:上册[M].5 版.北京:高等教育出版社,2005.

[2] 杨桦.二组分平衡体系的 $T\text{-}x$ 相图[J].化学教育(中英文),2018,39(14):16-22.

[3] 贾斌浩,王琳,邱钰清.环己醇-异丙醇二元体系在常压下的气液相平衡研究[J].南阳师范学院学报,2016,15(12):40-42.

[4] 常贯儒,陈国平.双液系气液平衡相图的实验改进与实践研究[J].科技视界,2012(16):35-37.

[5] 罗美,郑典模,邱祖民.沸点法测定气液平衡[J].江西科学,2001(4):225-229.

[6] 廖昱博,赖昭胜,聂泰,等.阿贝折射仪测量溶液浓度研究[J].赣南师范学院学报,2012,33(3):28-30.

[7] 刘国杰,黑恩成.Clausius-Clapeyron 方程的统计热力学修正[J].大学化学,2004(5):46-50.

[8] 闫宗兰,石军,尹立辉,等.Origin 软件在"双液系气-液平衡相图"实验数据处理中的应用[J].天津农学院学报,2007,14(2):30-32.

[9] 边界,祝根平,何田,等.物理化学实验双液系气-液平衡相图的体系改进[J].广东化工,2020,47(23):147-148.

八、附录

1. 文献值

几组双液体系的恒沸点温度和组成如表 2-4 所示。

表 2-4　几组双液体系的恒沸点温度和组成

双液体系 A-B	苯-乙醇	环己烷-异丙醇	环己烷-乙酸乙酯	乙醇-乙酸乙酯
恒沸温度/℃	68.2	68.6	72.8	71.8
恒沸组成/w_A%	32.4	67.0	46.0	31.0

2. 阿贝折光仪简介

阿贝折光仪的基本构造如图 2-19 所示。

阿贝折光仪的使用方法如下：

(1)用橡皮管将阿贝折光仪上的棱镜保温夹套的进出水口与恒温水浴串联起来,打开恒温水浴。

(2)打开折射棱镜部件,移去擦镜纸。检查上、下棱镜表面,用滴管滴加少量丙酮(或无水酒精)清洗镜面,必要时可用擦镜纸轻轻吸干镜面。(注意:用滴管时勿使管尖

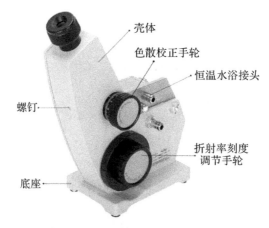

图 2-19　阿贝折光仪的基本构造

碰触镜面;测完样品后必须仔细清洁 2 个镜面,但勿用滤纸。)

（3）滴加一两滴试样于棱镜的工作面上,闭合进光棱镜。

（4）旋转聚光照明部件的转臂和聚光镜筒,使上面的进光棱镜的表面得到均匀照明。

（5）通过目镜观察视场,同时旋转调节手轮,使明暗分界线落在交叉视场中。

（6）旋转色散校正手轮,同时调节聚光镜位置,使视场中明暗部分具有良好的反差以及明暗分界线具有最小的色散。

（7）旋转调节手轮,使明暗分界线准确对准交叉线的交点,读取数据。

（8）测量结束后,必须使用少量丙酮（或无水酒精）和擦镜纸清洗镜面。合上折射棱镜部件前必须在 2 个棱镜之间放 1 张擦镜纸。

3.讨论与拓展

（1）沸点测定仪。

本实验较大误差可能源于蒸馏气体到达冷凝管前,沸点较高的组分先冷凝,导致所测得的气相组成与真实组成不相吻合。因此,沸点测定仪中,连接冷凝管和圆底烧瓶之间的连管不宜过长,支管位置不宜过高,但也不能过短或过低,否则,沸腾的液体有可能溅入凝聚气相的小球内。另外,若收集冷凝液的半球容积过大,客观上会造成溶液分馏;过小,则会因取样太少而给测定带来一定困难。

（2）组成测定。

用折光率测定双液体系组成,具有简便、快速和所需样品量少等特点,通常需重复测定 3 次以减少视觉带来的误差。而对于折光率相近的双组分体系,则不宜用折光率来确定体系的组成,此时可通过测量诸如相对密度等其他易于区分的物理量进行确定。另外,对于环己烷-异丙醇体系,折光率随组成的变化并不是严格的线性关系,因此,不建议将待测溶液的折光率代入通过线性拟合获得的方程中来确定其组成。最佳方法是在工作曲线中直接通过折光率查找其组成,以减少误差。

（3）被测体系的选择。

在不改变实验手段和操作步骤的前提下,双液体系的选择应兼顾以下几点:合适的沸点范围;两纯组分的折光率差值尽可能大,且其溶液浓度与折光率间尽可能呈线性关系;溶液的沸点随组分的变化均匀且显著;溶液与水的相容性低。早期教学实验选用的苯-乙醇体系与此4点非常吻合,但考虑到苯的毒性,不宜选用,可用环己烷-乙酸乙酯替代。

（4）气-液相图的应用。

利用蒸馏方法对液体混合物进行有效分离与提纯,只有在掌握相应相图的基础上才有可能。在溶剂试剂和石油工业的生产过程中,常利用气-液相图来指导并控制分馏、精馏的操作条件。

实验五　二元固-液相图的测绘

一、实验目的

(1)了解固-液相图的基本特点,巩固相律相关知识。

(2)用热分析法测绘 Sn-Bi 二元金属相图。

(3)了解热电偶的测温原理。

二、实验原理

1. 二组分固-液相图

一个多相体系的状态可由热力学函数来表达,也可用几何图形来描述。表示相平衡体系状态与影响相平衡强度之间关系的几何图形叫平衡状态图,简称相图。常见的影响相平衡的强度性质有温度、压力、组成。以体系所含物质的组成为自变量、温度为应变量所得到的 T-x 图是常见的一种相图。

二组分体系的自由度与相的数目有以下关系:

$$自由度＝组分数－相数＋2 \qquad (2\text{-}12)$$

由于一般的相变均在常压下进行,所以压力 p 一定,因此以上的关系式变为:

$$自由度＝组分数－相数＋1 \qquad (2\text{-}13)$$

又因为一般物质其固、液两相的摩尔体积相差不大,所以固-液相图受外界压力的影响颇小。这是它与气-液平衡体系的最大差别。

图 2-20(a)为 Sn-Bi 二元固-液相图,在高温区为均匀的液相,下面是 3 个两相共存区,至于 2 个固相 α、β 和 1 个液相 L 三相平衡共存现象则是固-液相图所特有的。左右两边是部分互溶区(固 α、固 β),固 α 代表 Bi 溶于 Sn 的固态溶液,固 β 代表 Sn 溶于 Bi 的固态溶液。从式(2-13)可知,压力既已确定,在这三相共存的水平线上,自由度等于零。处于这个平衡状态下的温度 T_E、物质组成 A、B 和 x_E 都不可变。T_E 和 x_E 构成的这一点成为最低共熔点。其他类型的固-液相图见《物理化学》教材及相关文献。[①]

---

　　① 相图对生产和科学研究有重大意义。钢铁和合金冶炼生产条件的控制、硅酸盐生产的配料比、盐湖中无机盐的提取等都需要相平衡的知识。例如对物质进行提纯(如制备半导体材料)、配制各种不同熔点的金属合金(焊料、焊钎)等都要考虑到有关相平衡的问题。化工生产中产品的分离和提纯是非常重要的,其中溶解和结晶、冷凝和熔融、气化和升华等都属于相变过程。

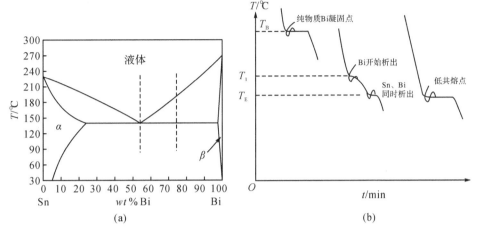

图 2-20 Sn-Bi 固-液相图(a)及其部分步冷曲线示意图(b)

2.热分析法和步冷曲线

热分析法是相图绘制工作中常用的一种实验方法。按一定比例配成均匀的液相体系,让它缓慢冷却。以体系温度对时间作图,则为步冷曲线。曲线的转折点表示某一温度下发生相变的信息。由体系的组成和相变点的温度作为 T-x 图上的一个点,众多实验点的合理连接就成了相图上的一些相线,并构成若干相区。这就是用热分析法绘制固-液相图的概要。

图 2-20(b)为与图 2-20(a)标示的 3 个组成相对应的步冷曲线。图 2-20(b)中上面第一条步冷曲线表示将纯 Bi 液体冷却至 T_B 时,体系温度将保持恒定,直到样品完全凝固。曲线上出现一个水平段后再继续下降。在一定压力下,单组分的两相平衡体系自由度为零,T_B 是定值。第三条步冷曲线具有最低共熔物的成分,该液体冷却时,情况与纯 Bi 体系相似。与第一条步冷曲线相比,其组分数由 1 变为 2,析出的固相数也由 1 变为 2,所以 T_E 也是定值。

第二条步冷曲线代表了上述两组成之间的情况。设把一个组成为 x_1 的液相冷却至 T_1 时,即有 Bi 的固相析出。与前两种情况不同,这时体系还有一个自由度,温度将继续下降。Bi 的凝固所释放的热效应将使该曲线的斜率明显变小,在 T_1 处出现一个转折。

三、仪器与试剂

仪器:金属相图专用加热装置 1 台,金属相图控制器(含热电偶)1 台,计算机 1 台。

试剂:Bi(化学纯),Sn(化学纯)。

四、实验步骤

本实验的整体实施路线如图 2-21 所示。

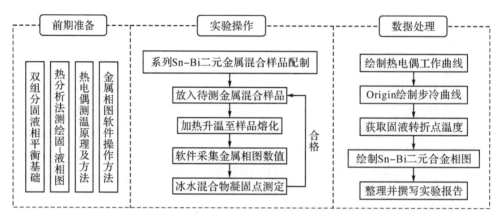

图 2-21　整体实施路线

1.样品配制、升温熔化

(1)在 6 个样品管中,分别称重加入纯 Bi 100g、80g、58g、40g、20g、0g,再分别加入已称重的纯 Sn 0g、20g、42g、60g、80g、100g。称量至 0.1g。样品中分别加入少量石墨粉。[①]

(2)将含热电偶[②]的样品管放在加热炉中,在控制器中设置"最高温度""加热功率""保温功率"等参数[③],加热选择开关置于样品管所处加热炉号。在控制器中按下加热键,加热炉开始升温,待样品完全熔化后,用热电偶套管轻轻搅动,使管内各处组成均匀一致,样品表面上也都均匀地覆盖着一层石墨粉。

---

　　① 样品组成在测试过程中必须保持不变。在高温时必须防止样品发生氧化变质,因此加入少量的石墨粉以隔绝空气。

　　② 热端插入样品液面下约 1cm,但与管底距离应不小于 1cm,尽可能让热电偶的端部处于熔融金属的中心,以避免外界影响。热电偶套管内加入 1 滴导热硅油,使得热电偶能够及时显示出金属的温度变化。

　　③ 在控制器中按一下"设置"键,显示屏左边显示"C"——"最高温度",右边显示温度的数值,按"＋""－""x10"3 个键来设定所需的温度;之后再按一下"设置"键,显示屏左边显示下一功能菜单直至设置结束。

　　"C"——"最高温度",一般设定在样品熔点以上 50℃即可。

　　"P1"——"加热功率",一般设 300～400W 即可。

　　"P2"——"保温功率",一般不启用,在环境温度较低时启用。

　　"t1"——"提示时间",在计算机绘制图形时不需要设定。

　　"n"——"提示音开关",在计算机绘制图形时不需要设定。

2.测量并绘制步冷曲线

(1)打开金属相图软件,设定文件名、横纵坐标等。当样品完全熔化后开始冷却时[①],单击【开始】按钮进入。待样品完全凝固后,单击【完成】按钮。数据就保存在原先设定的文件里。

(2)打开 Origin 软件,执行【File】→【Import】→【Single ASCII】命令导入步冷曲线文件,选定 B 栏数据,执行【Plot】→【Line】→【Line】命令绘制步冷曲线。从所测样品的步冷曲线上获取转折点温度。

3.测量冰水混合物的温度

将热电偶的热端插入冰水混合物中,测水的凝固点,以此作为标定热电偶温度值的一个定点。

五、数据处理

(1)用水的冰点、纯 Sn 和纯 Bi 的熔点作标准温度,以冷却曲线上转折点的读数作横坐标、标准温度作纵坐标,作出热电偶的工作曲线。已知的标准温度如表 2-5 所示。

表 2-5 标准温度

物质	水	Sn	Bi
标准熔点 $t/℃$	0	232	271

(2)从工作曲线上查出 20%、40%、58%、80%的铋合金的相变温度,以横坐标表示质量分数、纵坐标表示温度,绘出 Sn-Bi 二组分合金相图。固熔体区相界线的坐标点参考数据如表 2-6 所示。

表 2-6 固熔体区相界线的坐标点参考数据

温度 $t/℃$	210	185	162	所测低共熔温度	120	100	80	60	40	20
w_{Bi}%	5	10	15	19.5	15.8	11.6	8.2	5.3	2.7	1.0

(3)在绘制的相图上,用相律分析低共熔混合物、熔点曲线及各区域内的相数和自由度数。

---

① 由于金属相图是多相体系处于相平衡状态时以温度对组成作图所得的图像,因此被测体系必须时时处于或非常接近相平衡状态。所以降温速度不宜过快,一般 5～7℃/min 较为合适。切忌在一个步冷曲线的测试过程中不断改变样品的环境温度,如保温功率的变化、散热风扇的开关,以致冷却不均匀而直接影响实验结果。

六、思考题

(1)样品在空气中加热,对实验有何影响?若冷却过慢,对实验有何影响?反之呢?

(2)步冷曲线各段的斜率以及水平段的长短与哪些因素有关?

(3)本实验所用方法为降温曲线,升温是否也可以作出相图?

(4)有同学在做 Sn-Bi 相图过程中,发现某一组成(20%～80%)的转折点超过 2 个,请分析其原因。

七、参考文献

[1] 傅献彩,沈文霞,姚天扬,等. 物理化学:上册[M]. 5 版. 北京:高等教育出版社,2005.

[2] 杨桦. 二组分平衡体系的 *T-x* 相图[J]. 化学教育(中英文),2018,39(14):16-22.

[3] 芦天亮,周利鹏,杨晓梅. Sn-Bi 二组分体系相图的教学体会[J]. 广东化工,2018,45(11):270-271.

[4] 王金. Sn-Bi 金属相图的实验条件的讨论[J]. 广东化工,2014,41(12):22-23.

[5] 许海霞,王拥军. 数据分析和绘图的利器——OriginPro 8.0 软件简介[J]. 大众科技,2009(3):30.

[6] 胡思洁,刘芳,欧光川. Origin 8.0 软件在"二组分固-液相图的测绘"实验中的应用[J]. 湖南科技学院学报,2018,39(10):37-38.

八、附录

锡-铋(Sn-Bi)合金相关文献值如表 2-7 所示。

表 2-7　锡-铋(Sn-Bi)合金相关文献值

Bi/($wt\%$)	0	20	40	58	80	100
液相线大致范围/℃	220～240	190～210	160～180	130～150	200～220	260～280

实验六　三液系(正戊醇-醋酸-水)相图的绘制

一、实验目的

(1)采用浊点滴定法绘制具有一对共轭溶液的三组分相图。

(2)掌握用三角形坐标表示三组分相图的方法。

(3)熟悉相律及相图中各点与连接线的物理化学含义。

二、实验原理

三元相图应用广泛,如三液系相图常用于液-液萃取操作中各区萃取条件的确定。在恒温恒压下,三组分体系组成和状态间的关系通常用等边三角形坐标表示,如图 2-22 所示。

图 2-22 中,等边三角形的 3 个顶点分别表示 A、B、C 3 个纯物质(100％),AB、BC、CA 三边分别表示由 A 和 B、B 和 C、C 和 A 组成的二组分体系的组成。三角形内任一点则表示三组分体系的组成。如要确定 O 点所表示的组成,可经 O 点作平行于三角形三边的直线,并交三边于 a、b、c 3 点,将三边均分成 100 等分,则 O 点表示的 A、B、C 的组成分别为 A％＝Cc,B％＝Aa,C％＝Bb。

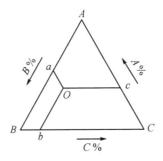

图 2-22　三角形坐标表示法

如某一三液系中,A 分别可与另两个组分 B、C 完全互溶,而 B 和 C 之间只能有限互溶,则该三液系称为具有一对共轭溶液的三组分体系,图 2-23 为其示意相图。B 和 C 的浓度在 Ba 和 Cd 之间可完全互溶,而介于 ad 之间的只能部分互溶,此时体系分为两层,一层是 C 在 B 中的饱和溶液(a 点),另一层是 B 在 C 中的饱和溶液(d 点),这对溶液称为共轭溶液。曲线 abd 为溶解度曲线。曲线外是单相区(完全互溶)。曲线

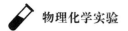

内是二相区,物系点落在该区内的三液系将分成二相,以 O 点为例,如其二相的组成为 E、F 两点,则 EF 连线称为连接线,必经过 O 点。

本实验通过浊点滴定来确定溶液的溶解度并绘制其曲线。具体方法如下:先将完全互溶的两个组分(如 A 和 C)以某一确定的比例混合均匀(如图 2-23 中的 N 点),再在该均相溶液中滴加组分 B,此时,物系点沿 NB 线移动,至 L 点时溶液变浑,L 点所对应的溶液即为饱和溶液。而后在 L 点溶液中加入一定量的 A,物系点沿 LA 上升至 N' 点而变清,再滴加 B,溶液沿 $N'B$ 移至 L' 点时再次变浑。如此反复,可得 L、L'、L'' 等系列组成,连接 L、L'、L'' 等点即得溶解度曲线。

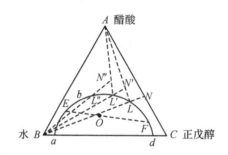

图 2-23 具有一对共轭溶液的三组分体系相图

连接线的绘制方法则是将溶液配制在二相区内(如 O 点),待溶液分层稳定后,分别测取每相溶液中某一组成(如 A)的含量,再在溶解度曲线上查得与该组成浓度相应的点(如 E、F 两点),连接两点即为该点的连接线。

三、仪器与试剂

仪器:电子天平 1 台,聚四氟乙烯滴定管(50mL)3 支,碱式滴定管(50mL)1 支,有塞锥形瓶(50mL)2 个,锥形瓶(100mL)4 个,有塞锥形瓶(250mL)2 个,移液管(2mL)4 支,小称量瓶 4 个。

试剂:正戊醇(分析纯),冰醋酸(分析纯),标准 NaOH 溶液(0.5mol/L),邻苯二甲酸氢钾(分析纯,基准物质),酚酞指示剂。

四、实验步骤

本实验的整体实施路线如图 2-24 所示。

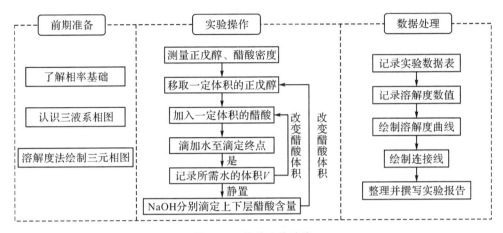

图 2-24 整体实施路线

1. 密度的测定

将奥斯瓦尔德-斯普林格(Ostwald-Sprengel,见图 2-25)比重管仔细干燥后称重 m_0,然后取下磨口小帽,将 a 支管的管口插入事先沸腾再冷却后的蒸馏水中,用洗耳球从 b 支管管口慢慢抽气,将蒸馏水吸入比重管内,使水充满 b 端小球,盖上 2 个小帽。然后将比重管的 b 端略向上仰,用滤纸从 a 支管管口吸取管内多余的蒸馏水,以调节 b 支管的液面到刻度 d。将磨口小帽先套 a 端管口,后套 b 端,并用滤纸吸干管外所沾的水,挂在天平上称重得 m_1。

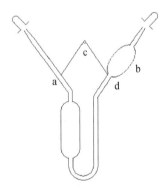

图 2-25 测量比重示意图

同上法,对醋酸或正戊醇分别进行测定,所得质量为 m_2,则醋酸或正戊醇的密度为:

$$\rho = \frac{m_2 - m_0}{m_1 - m_0} \times \rho_水 \tag{2-14}$$

2. 正戊醇和水相互溶解度测定

分别在 3 支干燥的聚四氟乙烯滴定管中加入正戊醇、冰醋酸和水(如气味过重,可将滴定管上端口用封口膜封闭,滴定时戳一小透气孔即可)。取干净的 50mL 有塞锥形瓶 1 个,通过滴定管加入 20mL 正戊醇(锥形瓶口也可用封口膜封闭),然后慢慢滴入水,同时不断振荡,直到出现雾浊状态保持 3min 不变[①],记录体积。同样步骤,用正戊醇对水进行滴定,并记录体积。

3. 左半支溶解度测定

向干净的 250mL 锥形瓶中加入 20mL 正戊醇和 4mL 冰醋酸,用水滴定至终点(由清变浊),记录水的体积。再向瓶中加入 5mL 醋酸,体系又变为澄清的均相,继续用水滴定至终点。然后以同样的方法加入 8mL 醋酸,用水滴定,再加入 8mL 醋酸,用水滴定,记录各次滴定至终点时水的用量。[②]

在最后所得的溶液中加入 10mL 正戊醇,加塞振摇(每隔 5min 摇一次),0.5h 后将此溶液(溶液Ⅰ)作测量连接线用。

4. 右半支溶解度测定

另取干净的 250mL 有塞锥形瓶 1 个,向瓶中滴入 20mL 水和 1mL 冰醋酸,用正戊醇滴定至终点,记录正戊醇体积。分别加入 1mL、2mL、3mL、4mL 冰醋酸,用正戊醇滴定,记录各次测定正戊醇的用量。

在最后所得的溶液中加入 10mL 水,同前法每 5min 振摇一次,0.5h 后作为测量另一根连接线用。如果加水后分层不佳或不分层,可再加入 25mL 正戊醇后进行测量(溶液Ⅱ)。

5. 连接线测定

(1)用邻苯二甲酸氢钾对标准 NaOH 溶液进行标定。

(2)待溶液Ⅰ静置分层后,用干燥洁净的移液管吸取上层溶液 2mL,另取一移液管用洗耳球轻轻吹气并同时插入下层取 2mL 溶液(防止上层液体进入移液管中),分别放于已称重的小称量瓶中,再称其质量。而后将这 2 个称量瓶中的溶液分别用水洗入 2 个 100mL 的锥形瓶中,以酚酞作指示剂,用已标定的 0.5mol/L NaOH 溶液滴定至终点。

(3)同法吸取溶液Ⅱ上层 2mL,下层 2mL,称重并滴定之。

---

① 在滴加溶剂的过程中,须一滴滴地加入,且不停地振荡锥形瓶,待出现浑浊并在 2~3min 内不消失,视为终点。特别是在接近终点时要多加振摇,这时溶液接近饱和,溶解平衡需较长的时间。

② 用水或正戊醇滴定,若超过终点,或不明确是否已超过终点,可反滴醋酸,直到刚由浑变清作为终点。记下实际溶液用量。

五、数据处理

1.溶解度曲线的绘制

(1)根据水的密度,测定实验温度下正戊醇和冰醋酸的密度。

(2)计算正戊醇-水二元体系的溶解质量百分数。

(3)完成表 2-8,计算三元体系的溶解质量百分数。

表 2-8　三元体系的溶解质量百分数

序号		正戊醇		醋酸		H_2O		总质量/g	质量百分数($w\%$)		
		体积/mL	质量/g	体积/mL	质量/g	体积/mL	质量/g		正戊醇	醋酸	H_2O
I	1	20		4							
	2	20		9							
	3	20		17							
	4	20		25							
	O_1	30		25							
II	1			1		20					
	2			2		20					
	3			4		20					
	4			8		20					
	5			12		20					
	O_1			12							

(4)将(2)和(3)计算所得各点的质量百分数标于三角坐标中,绘制溶解度曲线。

2.连接线的绘制

(1)计算标准 NaOH 溶液的精准浓度。

(2)将溶液I、溶液II上层和下层的滴定结果列表,计算各样品中醋酸的质量百分含量。

(3)根据 CH_3COOH(质量)%,在溶解度曲线上找出相应点(E_1、F_1,E_2、F_2),其接线即为连接线。同时在相图中标注物系点(O_1、O_2),连接线应通过物系点。

六、思考题

(1)如果连接线不通过物系点,其原因可能是什么?

(2)为什么说具有一对共轭溶液的三组分体系的相图对确定各区的萃取条件极为

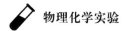

重要?

(3)测定连接线组成除滴定分析外,还有其他可行的方法吗?

七、参考文献

[1] 孙尔康,徐维清,邱金恒.物理化学实验[M].南京:南京大学出版社,1998.

[2] 吴梅芬,许新华,王晓岗.正戊醇-乙酸-水三元液-液相图实验新方法研究[J].实验技术与管理,2013,30(5):164-166.

[3] 葛华才,刘仕文,蒋荣英,等.环己烷-水-乙醇三元液系相图测定实验[J].实验技术与管理,2011,28(12):34-35.

[4] 胡玮,曹红燕,李建平.用Origin绘制氯仿-醋酸-水三元液系相图[J].实验技术与管理,2007,24(3):46-48.

[5] 徐桦,居红芳,王雯,等.水-正己烷-乙醇体系的液液平衡研究[J].化学研究与应用,2006,18(4):409-412.

八、附录

讨论与拓展

含有2种盐和1种液体(水)的三组分体系相图的绘制常用湿渣法。原理是平衡的固、液分离后,其滤渣总带有部分液体(饱和溶液),即湿渣,但它的总组成必定是在饱和溶液和纯固相组成的连接线上。因此,在定温下配制一系列不同相对比例的过饱和溶液,然后过滤,分别分析溶液和滤渣的组成,并把它们一一连成直线,这些直线的交点即为纯固相的成分,由此亦可鉴别该固体是纯物还是复盐。

实验七　差热分析

一、实验目的

（1）掌握差热分析的基本原理及方法。

（2）了解差热分析仪的构造，学会操作技术。

（3）用差热分析仪绘制 $CuSO_4 \cdot 5H_2O$ 热分解曲线图，并定性解释所得的差热图谱。

二、实验原理

许多物质在加热或者冷却的过程中，会发生物理或化学变化，如熔化、凝固、晶型转变、分解、化合、吸附、脱附等，这些变化伴有热效应的发生。差热分析（Differential Thermal Analysis，DTA）就是利用这一特点，通过测定在相同线性加热条件下，研究样品和参比物温度随时间的变化曲线，其中参比物在整个测定范围内保持良好的热稳定性，没有任何物理、化学变化发生，只是单调地升降温。因此，通过记录样品和参比物的温差 ΔT 或温度 T 对时间 t 之间函数关系，如图 2-26 和图 2-27 所示，就能分析研究样品的热变化规律。结合其他测试手段可对物质的组成、结构或产生热效应变化过程的机理进行研究。

实验时，将试样与参比物（如 α-Al_2O_3）分别放入 2 个小的坩埚，置于加热炉中，在程序控制下升温，如果试样与参比物的比热容大致相同，就能得到理想的差热分析图。如图 2-26 所示，T 是由插在参比物的热电偶所反应的温度曲线，如果在升温过程中试样没有热效应，则试样与参比物之间的温度差 ΔT 为零，即 AB、DE、GH 段。如果试样在某温度下有热效应，则试样温度上升的速率会发生变化，与参比物相比会产生温度差 ΔT，如 BCD 段和 EFG 段。ΔT 为负（BCD），为吸热峰；ΔT 为正（EFG），为放热峰。

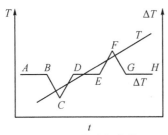

图 2-26　差热分析曲线图

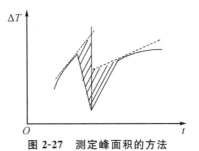

图 2-27　测定峰面积的方法

差热曲线中峰的数目、位置、方向、高度、宽度和面积等均具有一定的物理化学意义。峰的数目表示在测温范围内试样发生变化的次数。峰的位置对应试样发生变化的温度。峰的方向则指示变化是吸热还是放热。峰的面积表示热效应的大小。根据差热曲线峰的情况可以对试样进行具体分析,得出有关信息。在实际测量中,由于试样与参比物的比热、导热系数、填充情况不可能完全相同,试样在测试过程中也会发生膨胀或收缩等变化,因此实际所测得的差热曲线图比理想的差热曲线图复杂得多。

在对差热曲线峰面积的测量中,峰前后基线在一条直线上时,可以按照三角形的方法求算面积,但更多的时候,基线并不一定和时间轴平行,峰前后的基线也不一定在同一直线上,此时可以按照作切线的方法确定峰的起点、终点和峰面积(见图 2-27)。另外,也有采取剪下峰称重,以重量代替面积的方法,即剪纸称量法。

三、仪器与试剂

仪器:差热分析仪(DTA-Ⅲ型,见图 2-28)1 台,镊子 1 把,双孔绝缘小瓷管 2 个,电脑 1 台。

试剂:α-Al_2O_3(分析纯),$CuSO_4 \cdot 5H_2O$(分析纯)。

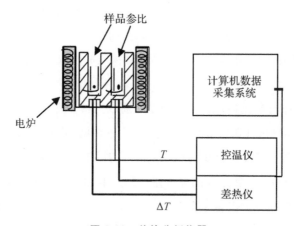

图 2-28　差热分析仪器

四、实验步骤

本实验的整体实施路线如图 2-29 所示。

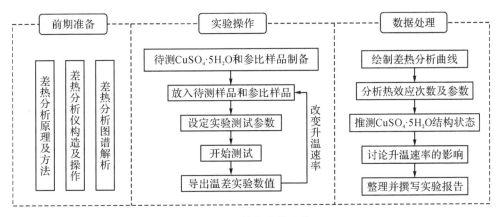

图 2-29 整体实施路线

1.仪器操作

按操作规程开启仪器。

2.配制药品

将 $CuSO_4 \cdot 5H_2O$ 碾磨成粗细均匀的粉末。

3.开始实验

将 1.0g 上述样品装入坩埚,并置于样品台上。同等重量的 $\alpha\text{-Al}_2O_3$ 作为参比物,放在参比台上。升温速率设置为 10℃/min,最高温度定为 350℃。在电脑上设定横坐标时间为 35min,纵坐标温度为 350℃,单击开始测量。实验结束后,用电吹风冷风挡吹至 50℃以下方可进行下一样品的实验。

4.改变升温速率

重复上述实验,加热炉升温速率改为 5℃/min。

五、数据处理

(1)从测定样品的原始记录上选取若干个数据点,作出以 ΔT-t 表示的差热分析曲线。

(2)指明样品脱水过程中出现的热效应次数,各峰的外推起始温度 T_e 和峰顶温度 T_p。粗略估算各个峰的面积。写出 $CuSO_4 \cdot 5H_2O$ 的反应方程式并推测 $CuSO_4 \cdot 5H_2O$ 中 5 个 H_2O 的结构状态。

(3)从峰的重叠情况和 T_e、T_p 数值讨论升温速率对差热分析曲线的影响。

六、思考题

(1)差热分析的基本原理是什么？参比物的选择有什么要求？

(2)为什么要控制升温速率？升温过快、过慢有什么影响？

(3)影响差热分析曲线和差热峰位置的因素有哪些？

七、参考文献

[1]张美玲,孙元雪,闫立东.热分析技术的应用[J].化工中间体,2012,9(2)：54-56.

[2]邹涛,赵瑾,郭姝.浅谈国内热分析技术的发展与应用[J].分析仪器,2019(6):9-12.

[3]梁方束,余小弥.差热分析(DTA)实验条件的研究[J],杭州师范学院学报(自然科学版),2002(3):34-35.

[4]潘云祥,冯增媛,吴衍荪.差热分析(DTA)法研究五水硫酸铜的失水过程[J].无机化学学报,1988(3):104-108.

[5]张震雷,王广华.热分析仪器实验教学探索[J].实验室研究与探索,2017,36(8):226-229.

八、附录

1. 差热分析仪简介

差热分析仪基本结构如图 2-30 所示。

图 2-30　差热分析仪基本结构

仪器使用方法如下：

(1)仪器主机打开后需预热 30min 后再进行测量。用镊子放置被测样品时,须将样品平整光滑的一面直接接触在坩埚内顶面。

（2）右旋加热炉时，双手需用力托扶缓慢下降加热炉，避免震伤主机、加热炉、晃动支撑杆及差热盘，避免对测试结果产生影响；测试时盖紧加热炉后，双手轻压加热炉一次，确保加热炉与主机面端口完全接触。

（3）打开电脑启动软件，执行【文件】→【新采集】命令，在弹出的【设置新升温参数】对话框中输入名称和参数，单击【检查】按钮，检查参数设置，单击【确认】按钮开始采集数据。

（4）采集结束后，更改文件名并保存。

（5）将鼠标移至数据文件线上并右击，执行【DTA】→【峰区分析】命令，在数据文件线上选择曲线中放热峰/吸热峰单峰，软件自动生成一条红色竖线和水平调整光标，单击峰前缘平滑处，松开鼠标左键，生成一条平行于 y 轴的引出线，同理单击峰后缘，完成峰区分析，软件标示出所选各特征点温度，然后将各差热数据均匀平铺显示即可。

注意：测量前，检查样品腔内的各个零件是否有异物及灰尘等。注意排料口是否堵塞、排料箱是否装满灰尘等。

2.讨论与拓展

（1）参比物是在一定温度下不发生分解、相变、破坏的物质。选用的参比物以其热容、导热系数等是否与试样的相等或接近为原则。最常用的参比物有 $\alpha\text{-}Al_2O_3$、MgO 等。要求参比物升温速度慢，试样量少，峰尖，峰分辨率高。理想的试样量应该是无限小的球靠近在热电偶结点周围，可见试样量以少为宜。试样量少虽然产生的峰小，然而峰形尖锐，减少了相邻峰的重叠，提高了分辨率。峰过小时，需加大试样量。试样量和加热速度之间有一定的关系，试样量虽小，若增大加热速度则可以增加峰高，但牺牲了分辨率。试样量的多少会影响峰顶温度。

（2）在差热分析曲线中，可根据峰的位置确定转变温度，峰的面积确定热效应大小，峰的形状获取有关动力学信息。

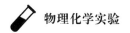

实验八　原电池电动势的测定及其应用

一、实验目的

(1)学会可逆电极电势、可逆电池电动势的测定方法。

(2)掌握用对消法测定电池电动势的基本原理,以及数字式电子电位差计的正确使用方法。

(3)学会常用电极和盐桥的制备和处理方法。

二、实验原理

1.对消法测电动势的原理

可逆电池电动势的测量必须在待测电池回路无净电流通过的情况下进行,因此通常采用对消法(或补偿法)来设计可逆电动势的测定方法。对消法测定电动势的仪器为电位差计,其原理如图 2-31 所示,在所研究电池的外电路上加一个方向相反的电压,当两者相等时,检流计显示电路的电流为零,满足了可逆电池的工作条件。待测电池电动势的求法见式(2-15)至式(2-18)。

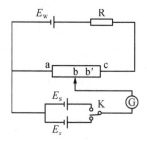

图 2-31　对消法测定电池电动势原理

$$I = \frac{E_w}{R + R_{ac} + R_i} \tag{2-15}$$

$$U = I \times R_{ab} = E_S \tag{2-16}$$

$$U' = I \times R_{ab'} = E_x \tag{2-17}$$

$$E_x = E_S \times \frac{R_{ab'}}{R_{ab}} \tag{2-18}$$

从图 2-31 中可知,当开关 K 连接到可逆电池 E_S 形成回路后,通过调节 ac 变阻器,使检流计的读数为零,则 ab 两端的电压 U 与 E_S 相等(如式 2-16)。同理,通过同样的操作可得到待测电池的电动势 E_x 与 U' 的关系(如式 2-17),再通过式(2-18)求得 E_x。

2.电极电势的测定原理

原电池是化学能转变为电能的装置,在电池放电反应中,正极(右边)起还原反应,负极(左边)起氧化反应。电池的电动势等于组成电池的 2 个电极电位的差值,即

$$E = \varphi_+ - \varphi_- = \varphi_{右} - \varphi_{左} \tag{2-19}$$

式中,E 是原电池的电动势;φ_+、φ_- 分别代表正、负极的电极电势。对于电极反应

$$氧化态 + ze^- \rightarrow 还原态$$

其中:
$$\varphi_+ = \varphi_+^\ominus - \frac{RT}{zF}\ln\frac{a_{还原}}{a_{氧化}} \tag{2-20}$$

$$\varphi_- = \varphi_-^\ominus - \frac{RT}{zF}\ln\frac{a_{还原}}{a_{氧化}} \tag{2-21}$$

式中,$\varphi_+^\ominus$、$\varphi_-^\ominus$ 分别代表正、负电极的标准电极电势;$R = 8.314 \text{J} \cdot \text{mol}^{-1} \cdot \text{K}^{-1}$;$T$ 是绝对温度;z 是反应中得失电子的数量;$F = 96500\text{C} \cdot \text{mol}^{-1}$,称法拉第常数;$a$ 为参与电极反应的物质的活度,其中纯固体物质的活度为 1。

以锌电极和甘汞电极组成的原电池 $Zn \mid ZnSO_4(0.1\text{mol/L}) \mid\mid KCl(饱和) \mid Hg_2Cl_2 \mid Hg$ 为例,其电动势为

$$E = \varphi_+ - \varphi_- = \varphi_{甘汞电极} - \varphi_{Zn^{2+}\mid Zn} = \varphi_{甘汞电极} - \left(\varphi_{Zn^{2+}\mid Zn}^\ominus - \frac{RT}{2F}\ln\frac{1}{a_{Zn^{2+}}}\right) \tag{2-22}$$

$$\varphi_{Zn^{2+}\mid Zn}^\ominus = \varphi_{甘汞电极} + \frac{RT}{2F}\ln\frac{1}{a_{Zn^{2+}}} - E \tag{2-23}$$

参比电极的电极电势为一确定值,通过测定电池的电动势可计算得到待测的电极电势,如本实验的锌电极。

3.浓差电池

浓差电池是电化学电池的一种,主要有电极浓差电池和溶液浓差电池 2 类。其电动势取决于物质的浓度差,是一种物质从高浓度(或高压力)状态向低浓度(或低压力)状态转移而产生的电动势,这种电池的标准电动势为零。

三、仪器与试剂

仪器:EM-3C 数字式电子电位差计 1 台,标准电池 1 个,饱和甘汞电极 1 个,铜电极 2 个,锌电极 1 个。

试剂:$ZnSO_4$ 溶液(0.1mol/L),$CuSO_4$ 溶液(0.1mol/L 和 0.01mol/L),饱和 KCl 溶液,H_2SO_4 溶液(6mol/L),HNO_3 溶液(6mol/L)。

四、实验步骤

本实验的整体实施路线如图 2-32 所示。

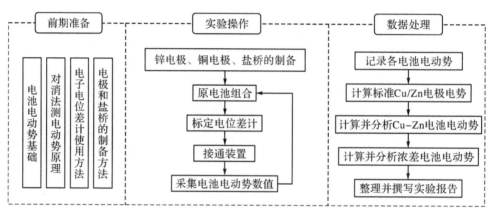

图 2-32　整体实施路线

1.电极制备

(1)锌电极的制备。

将锌电极在 6mol/L 硫酸溶液中浸泡 5～10s,除去表面上的氧化层,取出后用水洗涤,再用蒸馏水淋洗,插入 0.1mol/L 的 $ZnSO_4$ 溶液中待用。把锌电极插入清洁的电极管(见图 2-33)内并塞紧,将电极管的虹吸管口浸入 0.1mol/L $ZnSO_4$ 溶液中,用洗耳球自支管抽气,将溶液吸入电极管直到较虹吸管略高一点时,停止抽气,旋紧螺旋夹。电极的虹吸管口内(包括管口)不可有气泡,也不能有漏液现象。

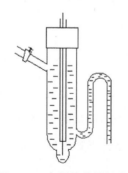

图 2-33　电极管结构示意

(2)铜电极的制备。

将铜电极在 6mol/L 硝酸溶液中浸泡片刻,取出后用水洗涤,再用蒸馏水淋洗,其余制作步骤同上。

2.电池组合

如图 2-34 所示,将饱和 KCl 溶液注入 50mL 的小烧杯中,制备下列 4 组电池。

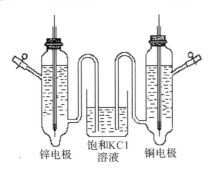

锌电极　　饱和KCl　　铜电极
　　　　　溶液

图 2-34　电池装配图

电池 1:Zn(s)|ZnSO$_4$(0.1mol/L)||KCl(饱和)|Hg$_2$Cl$_2$(s)|Hg(l)

电池 2:Hg(l)|Hg$_2$Cl$_2$(s)|KCl(饱和)||CuSO$_4$(0.1mol/L)|Cu(s)

电池 3:Zn(s)|ZnSO$_4$(0.1mol/L)||CuSO$_4$(0.1mol/L)|Cu(s)

电池 4:Cu(s)|CuSO$_4$(0.01mol/L)||CuSO$_4$(0.1mol/L)|Cu(s)

3.标准电池电动势校准

打开电源开关,预热 10min;将标准电池按"+""−"极性与"外标插孔"连接;设置"功能选择"旋钮为"外标";调节"10^{3}mV、10^{2}mV、10mV、1mV、10^{-1}mV、10^{-2}mV"6 个旋钮,使"电动势指示"显示的数值与标准电池数值相同;按下"校准"按钮。

4.原电池电动势测定

(1)将电池 1 按"+""−"极性与"测量插孔"连接,设置"功能选择"旋钮为"测量"。

(2)调节"10^{3}mV、10^{2}mV、10mV、1mV、10^{-1}mV、10^{-2}mV"6 个旋钮,使"平衡指示"显示在零值附近,然后观测电动势指示数值的变化,每隔 5s 记录一次数据,待连续 3 次的数据误差不超过±0.5mV 后停止记录,取最后 3 次数据的平均值作为被测电池电动势值。

(3)重新组装原电池,测定电池电动势。

(4)重新制备电极,重复(1)~(3),测定 4 个原电池的电动势。比较 2 次测量结果,如果误差小于 0.2mV,结束实验。

五、数据处理

(1)记录各电池的电动势。

(2)根据测定的各电池的电动势,分别计算 $\varphi_{Zn^{2+}|Zn}^{\ominus}$ 和 $\varphi_{Cu^{2+}|Cu}^{\ominus}$。

(3)根据有关公式计算 Zn 与 Cu 电极组成的电池及 Cu 与 Cu 电极组成的浓差电池的理论电动势 $E_{理}$,并与实验值进行比较,计算相对误差。

六、思考题

(1)用测电动势的方法求热力学函数有何优越性?

(2)盐桥有何作用?如何选用盐桥以适应各种不同的原电池?

(3)标准电池有什么用途?

(4)参比电池的选择有何要求?

七、参考文献

[1] 李苞,张虎成,张树霞,等.对消法测定原电池电动势实验中电极制备的改进[J].大学化学,2014,29(2):59-63.

[2] 傅献彩,沈文霞,姚天扬,等.物理化学:上册[M].5 版.北京:高等教育出版社,2005.

[3] 宋天佑,程鹏,徐佳宁,等.无机化学[M].3 版.北京:高等教育出版社,2015.

[4] 刘均玉,周发青.浓差电池中几个问题的讨论[J].大学化学,2008(2):59-61.

[5] 李桂林,李国兴,陆艳.利用浓差电池镀铜的实验探究[J].化学教学,2019(11):61-63.

八、附录

1.文献值

(1)3 种电极的电极电势与温度的关系如下:

$$\varphi_{饱和甘汞电极}/V = 0.2415 - 7.61 \times 10^{-4}(t/℃ - 25) \tag{2-24}$$

$$\varphi^{\ominus}_{Cu^{2+}|Cu}/V = 0.337 - 0.8 \times 10^{-4}(t/℃ - 25) \tag{2-25}$$

$$\varphi^{\ominus}_{Zn^{2+}|Zn}/V = -0.763 + 9.1 \times 10^{-4}(t/℃ - 25) \tag{2-26}$$

(2)计算时有关电解质的离子平均活度系数 $\gamma_{\pm}$(25℃)如下:

$$0.1000 \text{mol} \cdot \text{kg}^{-1} \text{ CuSO}_4 : \gamma_{Cu^{2+}} = \gamma_{\pm} = 0.15$$

$$0.0100 \text{mol} \cdot \text{kg}^{-1} \text{ CuSO}_4 : \gamma_{Cu^{2+}} = \gamma_{\pm} = 0.40$$

$$0.1000 \text{mol} \cdot \text{kg}^{-1} \text{ ZnSO}_4 : \gamma_{Zn^{2+}} = \gamma_{\pm} = 0.15$$

2.EM-3C 数字式电子电位差计简介

EM-3C 数字式电子电位差计基本结构如图 2-35 所示。

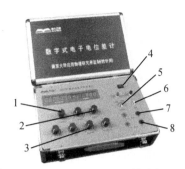

1—电动势指示；2—平衡指示；3—电动势旋钮；4—电源开关；
5—测量-外标旋钮；6—标准按钮；7—测量插孔；8—外标插孔

图 2-35 EM-3C 数字式电子电位差计基本结构

仪器使用方法如下：

(1)校正。

①打开电源开关，预热 10min。

②将标准电池按"＋""－"极性与"外标插孔"连接。

③设置"功能选择"旋钮为"外标"。

④调节"10^3mV、10^2mV、10mV、1mV、10^{-1}mV、10^{-2}mV"6 个旋钮，使"电动势指示"显示的数值与标准电池数值相同。

⑤按下"校准"按钮。

(2)测量。

①将电池按"＋""－"极性与"测量插孔"连接。

②设置"功能选择"旋钮为"测量"。

③调节"10^3mV、10^2mV、10mV、1mV、10^{-1}mV、10^{-2}mV"6 个旋钮，使"平衡指示"显示在零值附近。

3.讨论与拓展

(1)在实验操作过程中，检流计光标很难指向零点，说明测量回路有电流通过，所以 $E_{测} \neq E_{理}$。

(2)由于检流计光标较难调节，每组测量时间较长，工作回路中电流会发生变化，从而影响测量结果。

(3)在测量电池电动势时，接通时间要短，不超过 5s，否则回路中将有电流通过，使电极极化，溶液的浓度发生变化，测量结果偏离可逆电池电动势。测量前可根据电化学基本知识，初步估算一下被测量电池电动势的大小，以便在测量时能迅速找到平衡点。测量过程中，若"检零指示"显示溢出符号"OU.L"，说明"电位指示"显示的数值与被测电动势值相差过大。

实验九 弱电解质电离平衡常数的测定

一、实验目的

(1)了解电导、电导率和摩尔电导率的基本概念。

(2)掌握电导率仪的使用方法。

(3)学会用电导法测定乙酸溶液的电离度和电离平衡常数。

二、实验原理

乙酸(HAc)在水溶液中呈下列电离平衡：

$$HAc \Longrightarrow H^+ + Ac^-$$

$$c(1-\alpha) \qquad c\alpha \qquad c\alpha$$

c 为乙酸浓度，α 为电离度，则电离平衡常数 $K_c^\ominus$ 为：

$$K_c^\ominus = \frac{c/c^\ominus \, \alpha^2}{1-\alpha} \tag{2-27}$$

弱电解质的电离度 α 和摩尔电导率 Λ_m 随溶液稀释而增加。Λ_m 反映了一定浓度下，弱电解质部分电离且离子间存在一定相互作用时的电导能力，而极限摩尔电导率 Λ_m^∞ 反映了弱电解质全部电离且离子间没有相互作用时的电导能力。在弱电解质的稀溶液中，由于电离度比较小，电离产生的离子浓度较低，离子间相互作用力可忽略，因此，Λ_m 与 Λ_m^∞ 的差别可以近似看成由部分电离产生的离子与全部电离产生的离子数目不同所致。因此，稀溶液中弱电解质的电离度可表示为：

$$\alpha = \frac{\Lambda_m}{\Lambda_m^\infty} \tag{2-28}$$

摩尔电导率 Λ_m 值依照式 $\Lambda_m = \dfrac{\kappa}{c}$ 求出，其中，κ 为该浓度溶液的电导率。电离平衡常数 $K_c^\ominus$ 根据奥斯特瓦尔德(Ostwald)稀释定律求出：

$$K_c^\ominus = \frac{c/c^\ominus \, \Lambda_m^2}{\Lambda_m^\infty (\Lambda_m^\infty - \Lambda_m)} \tag{2-29}$$

将式(2-29)进行简单数学变换，得式(2-30)：

$$\frac{1}{\Lambda_m} = \frac{\Lambda_m \dfrac{c}{c^\ominus}}{K_c (\Lambda_m^\infty)^2} + \frac{1}{\Lambda_m^\infty} \tag{2-30}$$

由式(2-30)可知,通过测出不同稀溶液浓度下的摩尔电导率 Λ_m,以 $\Lambda_m \dfrac{c}{c^{\ominus}}$ 为横坐标,以 $\dfrac{1}{\Lambda_m}$ 为纵坐标作图,即可通过截距求出 Λ_m^{∞},进而通过斜率求出弱电解质电离平衡常数 $K_c^{\ominus}$。

三、仪器与试剂

仪器:超级恒温水浴 1 台,DDS-11A 型电导率仪 1 台,容量瓶(100mL)1 个,移液管(25mL)1 支。

试剂:冰乙酸(分析纯)。

四、实验步骤

本实验的整体实施路线如图 2-36 所示。

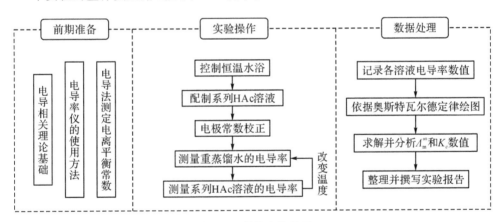

图 2-36 整体实施路线

1. 恒温准备、配制溶液

(1)调节恒温水浴温度至 25.0℃。

(2)用冰乙酸溶液配制 $0.1mol \cdot L^{-1}$ 及经 4 次减半稀释的系列溶液。

2. 电极常数校正

开启电导率仪电源,预热 10min。调节温度控温仪至测量温度。实验前一定要进行电极常数校正。具体仪器介绍及操作见实验十一。

3. 测超纯水的电导率

用超纯水充分清洗铂光亮电极,在一洁净的大试管中注入 25mL 超纯水,恒温至设定温度后测其电导率。测定 3 次,取其平均值。

4. 测配制溶液的电导率

(1)用移液管移取 25mL 待测乙酸溶液于洁净的大试管中,先用超纯水淋洗铂黑电极,并用滤纸吸干,然后用待测液润洗后放入盛待测液的大试管中,恒温至设定温度后测其电导率。

(2)按浓度由低到高的顺序,依次测量乙酸溶液的电导率。每换新液须用重蒸馏水淋洗铂黑电极,并用滤纸吸干电极上的水。注意切勿触及铂黑,然后用待测液润洗。每个样品测定 3 次,取平均值。

5. 不同温度下乙酸溶液的电导率测定

(1)设定恒温温度为 35.0℃,重复以上步骤。

(2)实验结束后,先关闭仪器的电源,用超纯水充分清洗铂黑电极,并保存在超纯水中备用。

五、数据处理

1. 求出各浓度乙酸溶液的电导率、摩尔电导率,并将数据记录到表 2-9 中。

表 2-9　数据记录表

$c(HAc)/(mol \cdot L^{-1})$	蒸馏水	0.00625	0.0125	0.0250	0.0500	0.1000
$\kappa/(S \cdot m^{-1})$						
Λ_m^{∞}						

2. 分别根据式(2-27)和式(2-30)进行数据处理,求得 $K_c^{\ominus}$,并与理论值进行比较,同时比较 2 种处理方法的差异。

六、思考题

(1)测定乙酸溶液的电导率时,应按浓度从低到高的顺序依次进行,为什么?

(2)本实验的乙酸浓度确定需要考虑哪些因素,0.2mol · L⁻¹ 可以用吗?

(3)测定重蒸馏水的电导率时要迅速,不能时间太长,为什么?

七、参考文献

[1] 傅献彩,沈文霞,姚天扬,等.物理化学:下册[M].5 版.北京:高等教育出版社,2005.

[2] 韦秀华,郝远强,张银堂,等.摩尔电导率与离子迁移率关系式推导过程的探讨[J].广州化工,2018,46(24):125-126.

[3] 何强,苏梦瑶,孙彦璞.电导率和摩尔电导率与浓度关系的教学讨论[J].化学教育(中英文),2018,39(18):69-71.

[4] 阴军英.电导法测定弱电解质电离平衡常数实验的改进[J].广州化工,2020,48(23):95-96.

八、附录

1. 文献值

25℃时,$\Lambda_{\mathrm{m}}^{\infty}(HAc)=390.72\times10^{-4}$ S・m^2・mol^{-1},$K_c^{\ominus}$(HAc)$=1.754\times10^{-5}$。

2. 讨论与拓展

(1)生活中能用电导法检验水的纯度吗?

(2)哪种类型的水污染程度可以用电导法来区分?

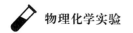

实验十　镍在硫酸溶液中的极化曲线测定

一、实验目的

(1)了解金属极化曲线的意义以及金属钝化的应用。

(2)掌握用线性电位扫描法测定金属阳极极化曲线的原理和方法。

二、实验原理

1.金属阳极极化及钝化

在电解过程中,当有电流通过时,处于阳极的金属会发生电化学溶解,其反应式如下:

$$M \rightarrow M^{n+} + ne^-$$

在金属的阳极溶解过程中,其不可逆的电极电势大于其平衡电极电势,这种电极电势偏离其平衡电势的行为称为极化。当阳极极化不大时,溶解速率随着电极电势变正而逐渐增大,这是正常的金属阳极溶解。当电极电势变正到某一数值时,其溶解速率达到最大值,此后,阳极溶解速率随着电势变正,电流密度反而大幅度降低至很小值,这种现象称为金属的钝化。金属钝化一般可分为化学钝化和电化学钝化。金属由活化状态转变为钝化状态,有以下几种理论解释。

(1)氧化膜理论:在钝化状态下,金属表面形成了具有保护性的致密氧化物膜,抑制溶解速度。

(2)吸附理论:金属表面吸附了氧,形成氧吸附层或含氧化物吸附层,从而抑制了溶解速度。

(3)连续模型理论:开始是氧的吸附,随后金属从基底迁移至氧吸附膜中,最后发展为无定形的金属-氧基结构。

2.影响金属钝化过程的因素

(1)溶液的组成。

溶液中存在的 H^+、卤素离子以及某些具有氧化性的阴离子对金属钝化现象有着显著的影响。一般而言,在中性溶液中,金属是比较容易钝化的,而在酸性或某些碱性溶液中不易钝化。此外,溶液中存在 Cl^-,可以明显阻止金属钝化,而 CrO_4^{2-} 可以促进金属的钝化;溶液中溶解氧可以减少金属钝化膜受破坏。

(2)金属的化学组成和结构。

各种纯金属的钝化能力均不相同。以 Fe、Ni、Cr 这 3 种金属为例,易钝化的顺序为Cr>Ni>Fe。

(3)外界因素。

温度和搅拌速度都会影响钝化过程,这与离子的扩散有关。测量前,研究电极活化处理的方式与程度也会影响金属的钝化行为。

3.金属钝化的电化学研究方法

金属钝化的电化学研究方法通常有 2 种:恒电流法和恒电势法。由于恒电势法能测得完整的阳极极化曲线,因此,在金属钝化研究中常采用此法。恒电势法测量金属钝化的方法有以下两种。

(1)静态法。

将研究电极的电势较长时间恒定在某一数值,同时测量相应极化状况下达到的稳定电流,即可获得完整的极化曲线。

(2)动态法。

将研究电极的电势随时间线性连续变化,测量对应电势下的瞬时电流值,即得整个极化曲线。

静态法测量结果较接近稳态值,但测量时间相对较长,因而在实际工作中常采用动态法进行测量。

4.金属钝化的线性扫描伏安曲线

金属钝化的线性扫描伏安曲线如图 2-37 所示。

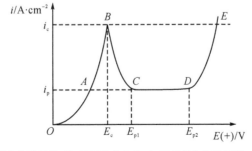

i_c:临界钝化电流密度;E_c:临界钝化电位;i_p:稳定钝化电流密度;
AB:活性溶解区;BC:过渡钝化区;CD:稳定钝化区;DE:过钝化区

图 2-37 金属钝化的线性扫描伏安曲线

三、仪器与试剂

仪器：LK98A 型多功能微机电化学分析仪（包括计算机）1 台，研究电极 Ni 电极（面积为 $0.4cm^2$）1 个，饱和甘汞电极（$0.1mol \cdot L^{-1}$ H_2SO_4 作盐桥）1 支，辅助电极（Pt 丝电极）1 支，三电极电解池 1 个，金相砂纸 1 张。

试剂：H_2SO_4（分析纯），KCl（分析纯）。

四、实验步骤

本实验的整体实施路线如图 2-38 所示。

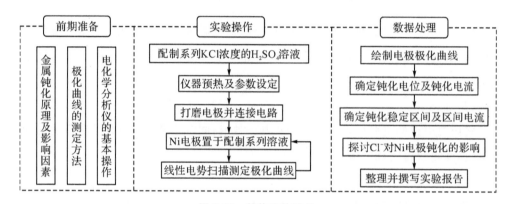

图 2-38　整体实施路线

1. 溶液配制

配制 $0.1mol \cdot L^{-1}$ H_2SO_4、$0.1mol \cdot L^{-1}$ H_2SO_4 ＋ $0.01mol \cdot L^{-1}$ KCl、$0.1mol \cdot L^{-1}$ H_2SO_4 ＋ $0.04mol \cdot L^{-1}$ KCl 和 $0.1mol \cdot L^{-1}$ H_2SO_4 ＋ $0.1mol \cdot L^{-1}$ KCl 等 4 种溶液各 250mL。

2. 仪器预热并设置参数

先打开 LK98A 型多功能微机电化学分析仪预热 10min，并设置相应的参数。

初始电位（V）E_i：0.5。

终止电位（V）E_f：－1.5。

扫描速度（mV/s）：10。

电位增量（mV）：1.0。

有关 LK98A 型分析仪的使用详见其说明书。

3.准备电极并连接

将 Ni 电极表面用金相砂纸磨亮,随后用去离子水洗净,并按图 2-39 所示连接好测量线路(辅助电极接铂丝、研究电极接镍片、参比电极接饱和甘汞电极)。

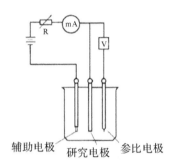

图 2-39　测量线路示意图

最后用线性电势扫描法分别测量 Ni 在上述 4 种溶液中的阳极极化曲线。

五、数据处理

(1)分别在极化曲线图上找出 $E_{钝}$、$i_{钝}$ 及钝化区间,并将数据记录到表 2-10 中。

表 2-10　数据记录表

溶液组成	初始电位/V	钝化电位/V	钝化电流/mA	稳定钝化区间 CD/V	钝化稳定区电流/mA
$0.1mol \cdot L^{-1} H_2SO_4$					
$0.1mol \cdot L^{-1} H_2SO_4 +$ $0.01mol \cdot L^{-1}$ KCl					
$0.1mol \cdot L^{-1} H_2SO_4 +$ $0.04mol \cdot L^{-1}$ KCl					
$0.1mol \cdot L^{-1} H_2SO_4 +$ $0.1mol \cdot L^{-1}$ KCl					

(2)比较 4 条钝化曲线,讨论 $E_{钝}$、$i_{钝}$ 及钝化区间的区别。

六、思考题

(1)在测量前,为什么要对电极进行打磨处理,随后进行阴极极化处理?

(2)扫描速率对测得的 $E_{钝}$ 和 $i_{钝}$ 有什么影响?

(3)溶液 pH 对 Ni 电极的钝化行为有何影响?

(4)阳极极化保护的金属的原理是什么?

七、参考文献

［1］罗鸣,石士考,张雪英.物理化学实验[M].北京:化学工业出版社,2012.

［2］庄继华,金幼铭,傅伟康.线性电位扫描法测定镍的钝化行为[J].大学化学,2004,19(3):52-54.

［3］傅献彩,沈文霞,姚天扬,等.物理化学:下册[M].5 版.北京:高等教育出版社,2006.

八、附录

1. LK98A 型电化学分析仪简介

LK98A 型电化学分析仪基本结构如图 2-40 所示。

图 2-40　LK98A 型电化学分析仪基本结构

LK98A 型电化学分析仪的参数设置和操作控制均由软件操作完成,所以 LK98A 系统主机的前面板仅有 2 个按键式开关。

上方的开关是"复位"(RESET)键,其功能是使仪器复位至初始状态。当仪器运行出现"死机"或主机与计算机的通信联系发生中断时,可以按下"复位"键。当接到"复位"命令后,仪器将自动进行自检(self-testing),并使仪器的工作状态复位到初始状态,同时屏幕弹出"硬件测试"示意图,复位命令即完成。注意:仪器工作正常或实验进行中时,请勿按"复位"键,否则系统参数将丢失。

"复位"键的下方是"电源开关"键。当此键被按下时,仪器的主机电源接通,同时键上的红色指示灯被点亮。

仪器的启动与自检操作如下:

(1)将主机与计算机、外设以及其他必要设备电源线、控制线连接好。

(2)打开计算机的电源开关,在 Windows98 操作平台下运行"LK98BⅡ",进入主控菜单。

（3）打开主机的电源开关,按下主机前面板的"复位"键,这时主控菜单上应显示"系统自检通过",系统进入正常工作状态。(注意:打开仪器之前需将4根电极线断开,并保证其两两不相连。)

（4）如果主机电源打开后按下主机前面板的"复位"键,主控菜单上无响应(即没有显示"系统自检通过"),在【设置】菜单上选择【通讯测试】选项,主控菜单上也无响应,这时表明计算机与主机的通信联系没有接通。此时打开【设置】菜单,选择【系统设定】选项,屏幕上弹出【系统设定】对话框,检查串口的设定与实际连接是否相符,若不符,应重新设定。然后单击【确认】按钮返回主控菜单。再按下主机前面板的"复位"键,主控菜单上有响应,在【设置】菜单上选择【通讯测试】选项,主控菜单上弹出【连接成功】对话框,这时可以选择方法进行实验。

（5）如果上述操作不能使仪器进入正常工作状态,需再仔细检查各个连接线是否连接正确。

2.线性扫描伏安法

加一快速变化的电压信号于电解池上,或工作电极电位随外加电压快速地进行线性变化,记录电流-电位(i-E)曲线的方法,称为线性扫描伏安法。一般来说,普通直流极谱滴汞电极的电位也是线性变化的,但变化速度较慢,在一滴汞的寿命期间变化2mV左右。因此,处理直流极谱问题时,把一滴汞生长期间的工作电极电位视为恒定。线性扫描伏安法则不同,工作电极电位变化速度很快,可用下式表示:

$$E_{(t)} = E_i - vt \tag{2-31}$$

式中,E_i为初始电位,v为电位扫描速度,$E_{(t)}$为t时刻的电极电位。

线性扫描伏安法的电压波形和电流响应如图2-41所示。

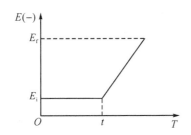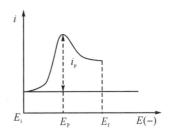

图2-41 线性扫描伏安法的电压波形和电流响应

对于可逆电极反应来说,峰电流i_p可表示为:

$$i_p = 0.4463nFAC^*(nF/RT)^{1/2}v^{1/2}D^{1/2} \tag{2-32}$$

25℃时,

$$i_p = 2.69 \times 10^5 n^{3/2} AD^{1/2} v^{1/2} C^* \tag{2-33}$$

式中，$i_p(A)$、$A(cm^2)$、$D(cm^2/s)$、$v(V/s)$、$C^*(mol/cm^3)$ 分别为峰电流、电极面积、活性物质的扩散系数、电位扫描速度和活性物质的本体浓度。

式(2-32)(2-33)是线性扫描伏安法定量分析的依据。

峰电位可表示为：

$$E_p = E_{1/2} - 1.109RT/nF \tag{2-34}$$

即 E_p 与 $E_{1/2}$ 相差一常数，25℃时为 $-28.5/n$ mV。但是由于线性扫描伏安图的峰不是很尖锐，一般 E_p 测量较困难，为了方便，常测量 $i = i_p/2$ 时的半峰电位 $E_{p/2}$，其值为：

$$E_{p/2} = E_{1/2} + 1.109RT/nF \tag{2-35}$$

因此，$E_{1/2}$ 大约在 E_p 和 $E_{p/2}$ 间的中间点，有

$$|E_p - E_{p/2}| = 2.2RT/nF \tag{2-36}$$

式(2-36)可作为可逆波的判据。

由上述可知，可逆波 E_p 与扫描速度无关，而 i_p 则正比于扫描速度的平方根 $v^{1/2}$，同时，$i_p/v^{1/2}$ 为常数，正比于 $n^{3/2}$ 和 $D^{1/2}$，可用于计算电极反应的 n 值。

式(2-36)(2-37)适用于平面电极，对于球形电极，有：

$$i_p = i_{p平面} + 0.725 \times 10^5 \times \frac{nADC^*}{r_0} \tag{2-37}$$

式中，r_0 为球形电极的半径，单位 cm。其余参数同前。

LK98A 系统为微机化的仪器，施加于电解池上的电压信号由数/模转换器（DAC）将数字信号转换为电压信号提供，因此，线性变化的信号实际上输出为阶梯变化信号，如图 2-42 所示。

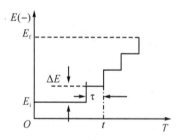

图 2-42　阶梯扫描电压波形

所谓阶梯扫描，就是将线性扫描电压分成 N 个阶梯，每个阶梯的电压增量为 ΔE，在每个阶梯的后期（τ）采样电流值。事实上，当 τ 很大时，此法接近于采样直流极谱，τ 很小时，过程就由 τ 的变化速率或扫描速度所控制，ΔE 越小，τ 越短，就越接近线性扫描。

实验参数如下。

初始电位(V)E_i：$-10.0 \sim +10.0$，扫描的起始电位。

终止电位(V)E_f：$-10.0 \sim +10.0$，扫描结束时的电位。

扫描速度(V/s):0.0001～5000,电位变化的速率。

电位增量(mV):1.0～10.0,电位阶梯高度。

挡位:mA/V;灵敏度:10mA/V;滤波参数:50Hz;放大倍率:1。

扫描增量 ΔE 一般取 1mV,特殊情况下可以增大,但一般不应超过 10mV。因为 ΔE 越小,分辨能力越强,曲线点数越密。由于扫描电压是阶梯变化的,所以扫描速度 $v = \Delta E / \tau$。计算机将根据设定的 ΔE 和 τ 值,计算出 τ 值,然后通过每一个阶梯的延时 τ 来控制扫描速度。

3.讨论与拓展

化学电源、电解、电镀、金属的腐蚀和防护等方面都涉及金属阳极的极化过程,研究阳极极化有重要实际意义。

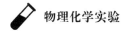

实验十一　电导法测定乙酸乙酯皂化反应的速率常数

一、实验目的

(1)掌握电导法测定反应速率常数的原理和方法。

(2)了解二级反应的特点,学会用图解计算法求取二级反应的速率常数。

(3)用电导法测定乙酸乙酯皂化反应的速率常数,了解反应活化能的测定方法。

二、实验原理

乙酸乙酯皂化反应是一个典型的二级反应:

$$CH_3COOC_2H_5 + Na^+ + OH^- \rightarrow CH_3COO^- + C_2H_5OH + Na^+$$

设反应物乙酸乙酯与碱的初始浓度相同,如均为 c,则反应速率方程为:

$$-\frac{d(c-x)}{dt} = \frac{dx}{dt} = k(c-x)(c-x) \qquad (2\text{-}37)$$

积分得:

$$\frac{x}{c(c-x)} = kt \qquad (2\text{-}38)$$

要求某温度下的反应速率常数 k,则须知该反应过程不同时刻 t 反应物的浓度 $c-x$ 和生成物的浓度 x,再将 x 和 $c-x$ 代入式(2-38)。本实验采用电导法测定反应溶液浓度。

本实验体系中,OH^- 和 CH_3COO^- 的浓度变化对电导率的影响较大。由于 OH^- 的迁移速率比 CH_3COO^- 大得多,所以溶液的电导率随着 OH^- 的消耗而逐渐降低。稀溶液的电导率与电解质的浓度成正比关系,故有:

$$t = t \text{ 时}, x = \beta(\kappa_0 - \kappa_t) \qquad (2\text{-}39)$$

$$t = \infty \text{ 时}, c = \beta(\kappa_0 - \kappa_\infty) \qquad (2\text{-}40)$$

式中,β 为反应溶液的电导率变化值与浓度的比例常数;κ_0 为溶液初始时的电导率;κ_t 为反应 t 时刻溶液的电导率;κ_∞ 为完全转变为 CH_3COONa 时的电导率。

将式(2-39)(2-40)代入式(2-38),化简得:

$$ckt = \frac{\beta(\kappa_0 - \kappa_t)}{\beta[(\kappa_0 - \kappa_\infty) - (\kappa_0 - \kappa_t)]} = \frac{\kappa_0 - \kappa_t}{\kappa_t - \kappa_\infty} \qquad (2\text{-}41)$$

以 $(\kappa_0-\kappa_t)/(\kappa_t-k_\infty)$ 对 t 作图,由斜率可以求出反应速率常数 k。

根据阿伦尼乌斯(Arrhenius)公式,化学反应的速率常数与温度之间存在一定的依赖关系,即

$$k = A \cdot e^{-\frac{E_a}{RT}} \tag{2-42}$$

若由实验求得 2 个不同温度下的速率常数 k_1、k_2,则可利用下式计算出反应的活化能 E_a:

$$E_a = \frac{T_2 T_1}{T_2 - T_1} R \times \ln \frac{k_2}{k_1} \tag{2-43}$$

三、仪器与试剂

仪器:DDS-11A 型电导率仪 1 台,HK-2A 超级恒温水浴 1 台,DJS-1C 型铂黑电极 1 支,双管电导池 1 支,移液管(10mL)2 支,电子秒表 1 块。

试剂:0.01mol/L NaOH 溶液,0.02mol/L NaOH 溶液,0.01mol/L CH_3COONa 溶液,0.02mol/L $CH_3COOC_2CH_5$ 溶液。

四、实验步骤

本实验的整体实施路线如图 2-43 所示。

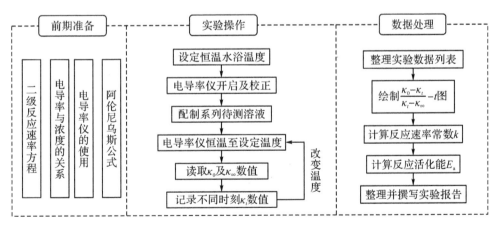

图 2-43　整体实施路线

1. 准备阶段

(1)恒温准备。

开启恒温水浴电源,将第一个温度调至 35.0℃。

（2）仪器准备。

①开启电导率仪的电源，预热 10min。

②洗净双管电导池（见图 2-44）并烘干。

③校正电导率仪（具体见电导率仪使用说明）。

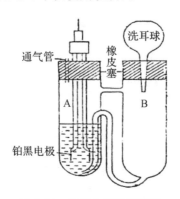

图 2-44　双管电导池示意图

2. κ_0 的测量

（1）将双管电导池的 B 管塞上带有玻璃管的橡皮塞，并把导管密封好。

（2）向 A 管中加入 0.01mol/L 的 NaOH 溶液[①]，以能浸没铂黑电极并高出 1cm 为宜。

（3）用蒸馏水淋洗铂黑电极，用吸水纸吸干电极上的水分[②]，再用 0.01mol/L NaOH 溶液淋洗，然后插入电导池中。

（4）将安装好的电导池用铁架台固定后，置于恒温水浴中，恒温 10min。

（5）测量该溶液的电导值，每隔 2min 测量一次，共 3 次。

（6）更换 0.01mol/L NaOH 溶液，重复测定。若 2 次测量在误差允许范围内，则取平均值，即为 κ_0。

3. κ_∞ 的测量

将 0.01mol/L CH₃COONa 溶液的电导值作为 κ_∞，测量方法与 κ_0 相同。

4. κ_t 的测量

（1）将洗净的电导池烘干。

（2）移液管准确移取 10mL 0.02mol/L NaOH 溶液注入 A 管中，用另一支移液管移取 10mL 0.02mol/L CH₃COOC₂H₅ 溶液注入 B 管中。将电导池塞上橡皮塞，用铁

---

① NaOH 溶液要现配，否则会溶入空气中的 CO_2。

② 防止稀释水分，带入误差。电极上的铂黑片并不牢固，蒸馏水不得对着铂黑片冲洗，不得用滤纸擦铂黑片。

架台固定后,置于恒温水浴中,恒温 10min。

(3)用洗耳球从 B 管压气,将 $CH_3COOC_2H_5$ 溶液迅速压入 A 管中,当溶液压入一半时,开始计时。在溶液刚刚压入时,由于有一个反应时间,所以不应计时;当溶液全部压入时,由于在实验过程中,要记录不同反应时间下体系的电导率,所以也不应计时,因此取压入一半时开始计时。然后来回反复充吸几次,使溶液混合均匀,注意确保计时的准确性。

(4)隔 2min 测量一次,直至电导值基本不变为止。

5.测第二个温度

按上述步骤测定第二个温度(45℃)下的反应速率常数 k_2。
根据式(2-43)求得反应活化能 E_a。

五、数据处理

(1)根据测定结果,在同一坐标系中,分别作出不同温度下的 $\frac{\kappa_0 - \kappa_t}{\kappa_t - \kappa_\infty}$-$t$ 图,并分别从 2 条直线的斜率计算反应的速率常数 k_1、k_2。

(2)根据式(2-42),计算反应的活化能 E_a。

六、思考题

(1)为什么可用稀释所配 NaOH 溶液 2 倍的电导代替反应开始时的电导?

(2)实验测定过程中,将 0.01mol/L CH_3COONa 溶液的电导率值作为 κ_∞,为什么?

(3)被测溶液的电导是由哪些离子贡献的?反应进程中溶液的电导为何发生变化?

(4)为什么要使 2 种反应物的起始浓度相等?

(5)用作图外推法求 κ_0 与测定反应开始时相同 NaOH 浓度所得 κ_0 是否一致?

七、参考文献

[1] 雷群芳.中级化学实验[M].北京:科学出版社,2005.

[2] 成昭,范涛,杨莉宁,等.电导法测定乙酸乙酯皂化反应速率常数的数据分析方法[J].化工时刊,2019,33(11):10-12.

[3] 范康年.物理化学[M].2 版.北京:高等教育出版社,2005.

八、附录

1. 电导率仪简介

电导率仪的构造如图 2-45 所示。

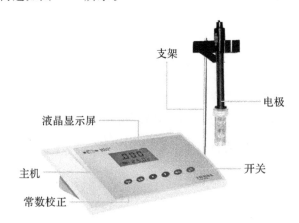

图 2-45　DDS-11A 电导率仪的构造

仪器使用方法如下：

(1) 打开电源开关，预热 10min。

(2) 将电极浸入被测溶液（或水）中，须确保铂黑完全浸没，将电极插头插入插座。

(3) 按"常数"按钮至常数校正，调节"上""下"键，使其液晶显示屏读数与铂黑电极上所示常数一致，按"确认"按钮即可完成常数校正。例如，所用电极的常数为 0.987，则通过调节"常数"补偿调节器，使电导率仪显示 0.987。

(4) 常数校正完成后，电极放入待测溶液中，液晶屏所示读数即为当前溶液电导率值。

实验十二 旋光法测定蔗糖转化反应的速率常数

一、实验目的

(1)掌握旋光仪的正确使用方法。

(2)了解反应物浓度与旋光度之间的关系。

(3)测定蔗糖转化反应的速率常数、半衰期和活化能。

二、实验原理

蔗糖在水中转化成葡萄糖与果糖,其反应式如下:

$$C_{12}H_{22}O_{11}(蔗糖)+H_2O \xrightarrow{H^+} C_6H_{12}O_6(葡萄糖)+C_6H_{12}O_6(果糖)$$

在 H^+ 浓度和水量保持不变时,反应可视为一级反应,速率方程式可表示为:

$$-\frac{\mathrm{d}c}{\mathrm{d}t} = kc \tag{2-44}$$

积分后可得:

$$\ln\frac{c}{c_0} = -kt \tag{2-45}$$

式中,c 表示反应时间 t 时的蔗糖浓度;c_0 为反应开始时的蔗糖浓度;k 为反应速率常数。

由式(2-45)可知,在不同时间测定反应物的相对浓度,并以 $\ln c$ 对 t 作图,可得一直线,由直线斜率即可求得反应速率常数 k。

本实验中的反应物及产物均有旋光性,且旋光能力不同,在溶剂性质、溶液浓度、样品管长度及温度等条件均固定时,旋光度 α 与反应物浓度 c 呈线性关系,即

$$\alpha = \beta c \tag{2-46}$$

式中,比例常数 β 与物质旋光能力、溶剂性质、溶液性质、样品管长度及温度有关。

蔗糖是右旋性的物质,其比旋光度 $[\alpha]_D^{20}=66.6°$;生成物中葡萄糖也是右旋性的物质,其比旋光度 $[\alpha]_D^{20}=52.5°$;果糖是左旋性的物质,其比旋光度 $[\alpha]_D^{20}=-91.9°$。反应过程中,系统的右旋角不断减小,而后变成左旋,最后完全反应时,左旋角达到最大。

设体系最初的旋光度为 α_0,最后的旋光度为 α_∞,则

$$\alpha_0 = \beta_反 c_0 \quad (t=0,蔗糖尚未转化) \tag{2-47}$$

$$\alpha_\infty = \beta_生 c_0 \quad (t=\infty,\text{蔗糖全部转化}) \tag{2-48}$$

式中,$\beta_反$、$\beta_生$ 分别为反应物、生成物的比例常数;c_0 为反应物的初始浓度,亦即生成物的最后浓度。当时间为 t 时,蔗糖的浓度为 c,旋光度为 α_t,则:

$$\alpha_t = \beta_反 c + \beta_生 (c_0 - c) \tag{2-49}$$

由式(2-47)(2-48)(2-49)联立可得:

$$c_0 = (\alpha_0 - \alpha_\infty)/(\beta_反 - \beta_生) = \beta(\alpha_0 - \alpha_\infty) \tag{2-50}$$

$$c = (\alpha_t - \alpha_\infty)/(\beta_反 - \beta_生) = \beta(\alpha_t - \alpha_\infty) \tag{2-51}$$

将式(2-50)(2-51)代入式(2-45)可得:

$$\ln(\alpha_t - \alpha_\infty) = -kt + \ln(\alpha_0 - \alpha_\infty) \tag{2-52}$$

以 $\ln(\alpha_t - \alpha_\infty)$ 对 t 作图可得一直线,从直线斜率可得反应速率常数 k。

三、仪器与试剂

仪器:圆盘旋光仪 1 台,恒温水浴 1 台,大试管(50mL)4 支,移液管(25mL)2 支,锥形瓶(150mL)1 个。

试剂:HCl 溶液(2mol·L^{-1}),蔗糖(分析纯)。

四、实验步骤

本实验的整体实施路线如图 2-46 所示。

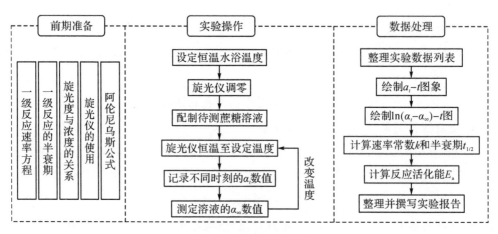

图 2-46　整体实施路线

1. 恒温准备

将恒温水浴调至 30.0℃,并令循环水经由旋光仪中玻璃恒温夹套样品管。HCl 溶液与蔗糖溶液都要预恒温至实验温度。

2. 旋光仪调零

先洗净样品管,将管的一端加上盖子,并由另一端向管内灌满蒸馏水,在上面形成一凸面,盖上玻璃片和套盖,玻璃片紧贴于旋光管,检查管内应为无气泡状态。之后用吸滤纸将管外的水擦干,再用擦镜纸将样品管两端的玻璃片擦净,放入旋光仪的光路中。打开光源,调节目镜聚焦,使视野清晰,再旋转检偏镜至能观察到三分视野暗度相等,记下检偏镜的旋光度 α,重复测量数次,取其平均值即为零点,用来校正仪器系统误差。

3. 测定 α_t

在锥形瓶中称取 20g 蔗糖,加入 100mL 蒸馏水,使蔗糖完全溶解。用移液管分别移取 25mL 的蔗糖溶液和 25mLHCl 溶液于 2 支 50mL 干燥大试管中,加盖,置于恒温水浴约 10min。将 HCl 溶液倒入蔗糖溶液中,HCl 溶液和蔗糖溶液混合一半时开始计时间,来回倒三四回使之均匀后,立即用少量反应液洗涤旋光管 2 次,然后用反应液装满样品管[①],旋上套盖,放进已预先恒温的旋光仪中,测量各时刻的旋光度 α_t。测 α_t 时,要求在反应开始后 2～3min 内测量第一个数据,在以后的 15min 内,每隔 1min 测量一次,随后可适当放宽测量间隔。旋光仪中的钠光灯不宜长时间开启,测量间隔较长时应熄灭,以免灯管过热。

4. 测定 α_∞

将剩余的反应液置于 50～60℃[②]恒温水浴约 40min,之后冷却至反应温度,测量 α_∞,直到数据稳定不变。

5. 改变温度,重新测定

按上述步骤测定第二个温度(35.0℃)下的反应速率常数 k_2。
根据式(2-50)求得反应活化能 E_a。

五、数据处理

(1)将分别在 30.0℃ 及 35.0℃ 下反应过程中所测得的旋光度与对应时间列表,作 α_t-t 图。

---

① 荡洗和装样只能用去一半左右的反应液,剩余的用作测量 α_∞。

② 测 α_∞ 时,可将剩余的反应液置于 50～60℃ 水浴中恒温,但温度不可超过 60℃。因为蔗糖是由葡萄糖和果糖的各一个苷羟基缩合而成,在 H^+ 催化下,除了苷键断裂进行水解外,还存在高温脱水反应。此时溶液会变黄,从而影响测量结果。

(2)分别从 2 条 α_t-t 曲线上 10～40min 的区间里,等间隔取 8 个(α_t-t)数组,作 $\ln(\alpha_t - \alpha_\infty)$-$t$ 图,求反应速率常数 k,并求半衰期 $t_{1/2}$。

(3)利用上述所求的不同温度下的反应速率常数 k_1、k_2,求活化能 E_a。

六、思考题

(1)实验中,为什么蔗糖溶液可以粗略配制?

(2)实验中,用蒸馏水来校正旋光仪的零点,有何意义?

(3)试问在蔗糖转化反应过程中,所测的旋光度 α_t 是否必须零点校正?为什么?

七、参考文献

[1]傅献彩,沈文霞,姚天扬,等.物理化学:下册[M].5 版.北京:高等教育出版社,2006.

[2]陈明元.旋光法测定蔗糖转化反应的速率常数实验的一种偏差与处理[J].贵州教育学院学报,2002,13(2):55-57.

[3]屈景年,莫运春,刘梦琴,等.旋光法测蔗糖水解反应速率常数实验的改进[J].大学化学,2005,20(1):48-49.

八、附录

1. 文献值

温度与 HCl 浓度对蔗糖水解速率常数的影响如表 2-11 所示。

表 2-11　温度与 HCl 浓度对蔗糖水解速率常数的影响

HCl/(mol · L^{-1})	k(298.2K)/10^{-3}min	k(308.2K)/10^{-3}min	k(318.2K)/10^{-3}min
0.0502	0.4169	1.738	6.213
0.2512	2.255	9.355	35.86
0.4137	4.043	17.00	60.62
0.9000	11.16	46.76	148.8
1.214	17.455	75.97	—
		$E_a=108$kJ/mol	

2. WG-4 圆盘旋光仪简介

WXG-4 目视旋光仪的结构如图 2-47(a)所示。

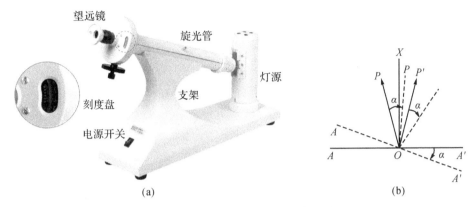

图 2-47 WXG-4 目视旋光仪的结构与工作原理

旋光仪是建立在偏振光的基础上,并用旋转偏振光偏振面的方法来达到测量目的。

在零度位置时,AA' 垂直于中线 OX。

当光束经过旋光物质后,偏振面被旋转了一个角度 α,如图 2-47(b)中虚线所示,这时,两半的偏振光在 AA' 上的投影不等,右半亮,左半暗,如把检偏镜偏振面 AA' 向相同方向转动,则可重新使视场照度相等。这时,检偏镜所转的角度,就是物质的旋光度。知道旋转角(旋光度)、溶柱(试管)长度和浓度,就可根据下式求出物质的比旋光度(旋光本领或旋光率):

$$\alpha = \frac{[\alpha] \cdot 100}{l \cdot c} \tag{2-53}$$

式中,α 为在温度 t 时用入光测得的旋转角(旋光度);l 为溶柱(试管)长度,用分米(dm)作单位;c 为浓度,即 100mL 溶液中溶质的克数;$[\alpha]$ 为比旋光度。

由上式可知,旋转角 α 与溶柱(试管)长度 l 及浓度 c 成正比。即

$$\alpha = [\alpha]lc \tag{2-54}$$

旋光度和温度也有关系。对大多数的物质,用 $\lambda = 589.44$nm(钠光)测定,当温度升高 1℃时,旋光度约减少 0.3%。对于要求较高的测定工作,最好能在 20±2℃的条件下进行。

仪器操作方法如下:

(1)准备工作。

①先把预测溶液配好,并加以稳定和沉淀。

②把预测溶液盛入试管待测。应注意试管两端螺旋不能旋得太紧(一般以随手旋紧不漏水为止),以免护玻片产生应力而引起视场亮度变化,影响测定准确度,并将两端残液揩拭干净。

③接通电源,通电约 10min,待完全发出钠黄光后,才可观察使用。

④检验度盘零度位置是否正确,如果不正确,可旋松度盘盖4只连接螺钉、转动度盘壳进行校正(只能校正0.5°以下),或在测量过程中加减误差值。

(2)测定工作。

①打开镜盖,把试管放入镜筒中测定,并把镜盖盖上。

②调节视度螺旋至视场中三分视界清晰为止。

③转动度盘手轮,至视场照度相一致(暗现场)为止。

④从放大镜中读出度盘所旋转的角度。

⑤当读数圆盘有偏心时,左右两边读数不一致,此时应将左右两边的平均值作为样品的旋光度值,但在动力学测试时只需单边取值。

3.讨论与拓展

(1)旋光度的作用。

旋光度的测定有以下几种用途:

①检定物质的纯度。

②确定物质在溶液中的浓度或含量。

③鉴别光学异构体。

④测定与溶液浓度相关的其他物理量如密度等。

(2)蔗糖水解速率的影响因素。

通常条件下,蔗糖的水解速率很小,但在催化剂作用下会迅速增大,此时反应速率的大小取决于催化剂种类和浓度。用酸作催化剂时,H^+浓度较低,水解速率常数k与H^+浓度成正比,即实际水解速率对H^+为一级反应,随着H^+浓度的增加,两者将不成比例。与酸催化剂相比,蔗糖酶具有更高的催化效率。要获得相同的水解速率,蔗糖酶液(3~5活力单位/mL)的用量仅为2mol/L HCl的1/50。

(3)水解速率测定的用途。

仅举2例:

①同一浓度的不同酸液(如HCl、HNO_3、H_2SO_4、HAc等),因H^+活度不同,其水解速率也不同,故可由速率比求出两酸液中H^+的活度比。

②同样,通过蔗糖水解速率的测试,可求得蔗糖酶制品的酶活力。其他糖酶如乳糖酶的活力也可采用相同的方法测定。

(4)假级反应。

对于蔗糖水解,由于溶剂水是参加反应的,预计其速率应为$v=kc_{蔗糖}c_{H_2O}$。由于体系中,水是大量存在的,反应前后其浓度可看作几乎不变,因此,蔗糖在较低浓度水解时,反应速率为$v=kc_{蔗糖}$,这个反应称为假一级反应或准一级反应。随着蔗糖浓度的增加,反应会向二级反应过渡。

(5)古根哈姆(Guggenheim)曾推出无须测定反应终了时蔗糖水解溶液的旋光度(α_∞)就能计算出一级反应速率常数 k 的方法,有兴趣的读者可参阅相关资料。

(6)反应活化能 E_a 的计算。

本实验采用 2 个温度下的速率常数来计算反应活化能 E_a,可能会存在较大误差。若采用作图法求算 E_a,则结果会更合理可靠。具体方法为,根据阿伦尼乌斯方程的积分形式 $\ln(k \cdot \min) = -E_a/RT + C$(常数),测定 5~7 个不同温度下的 k 值,以 $\ln(k \cdot \min)$ 对 $1/T$ 作图,通过所得直线斜率即可求算出反应活化能 E_a。

实验十三　丙酮碘化反应的速率方程

一、实验目的

(1)掌握用孤立法确定反应级数的方法。

(2)测定酸催化作用下丙酮碘化反应的速率常数。

(3)通过本实验加深对复杂反应特征的理解。

二、实验原理

大多数化学反应是由若干个基元反应组成的。这类复杂反应的反应速率和反应物浓度之间的关系一般不能用质量作用定律预示。以实验方法测定反应速率和反应物浓度的计量关系,是研究反应动力学的一个重要内容。对复杂反应,可采用一系列实验方法获得可靠的实验数据,并据此建立反应速率方程式,以其为基础,推测反应的机理,提出反应模式。

孤立法是动力学研究中常用的一种方法。设计一系列溶液,其中只有某一反应物的浓度发生变化,而其他反应物的浓度不变,借此可以求得反应对该反应物的反应分级数。同样亦可得到各种作用物的级数,从而确立速率方程。

丙酮碘化反应是一个复杂反应,其反应式为:

$$H_3C-\overset{\overset{\displaystyle O}{\|}}{C}-CH_3+I_2 \xrightarrow{H^+} H_3C-\overset{\overset{\displaystyle O}{\|}}{C}-CH_2I+I^-+H^+$$

假设上述反应的反应速率方程为:

$$v=-\frac{\mathrm{d}c_{I_2}}{\mathrm{d}t}=\frac{\mathrm{d}c_{CH_3COCH_2I}}{\mathrm{d}t}=kc_{丙}^x\,c_{酸}^y\,c_{碘}^z \tag{2-55}$$

式中,c 表示物质的浓度;k 为速率常数;x、y、z 分别为丙酮、氢离子和碘的反应分级数。

为了确定反应级数,将该式取对数,得

$$\lg v=\lg k+x\lg c_{丙}+y\lg c_{酸}+z\lg c_{碘} \tag{2-56}$$

在反应物中,首先固定其中 2 种反应物的浓度,配制出第三种反应物浓度不同的一系列溶液,以 $\lg v$ 对 $\lg c$ 作图,应得一直线,所得直线的斜率即为该反应物在此反应中的反应分级数。同理,可以得到其他 2 个反应物的反应分级数。在实际操作中,粗略的做法是仅测定 2 个不同浓度下的反应速率,求出反应级数。以测定丙酮的反应级数 x 为例,保持氢离子和碘的浓度不变,测定丙酮浓度分别为 $c_{丙,1}$ 和 $c_{丙,2}$ 时的反应速率 v_1 和 v_2,根据式(2-56),有

$$\lg v_1 = \lg k + x\lg c_{丙,1} + y\lg c_{酸} + z\lg c_{碘}$$
$$\lg v_2 = \lg k + x\lg c_{丙,2} + y\lg c_{酸} + z\lg c_{碘} \qquad (2\text{-}57)$$

两式相减,得

$$\lg \frac{v_1}{v_2} = x\lg \frac{c_{丙,1}}{c_{丙,2}} \qquad (2\text{-}58)$$

即可求出反应级数 x。

在本反应体系中,碘在可见光区有一个很宽的吸收带,因此可以用分光光度计测定反应过程中碘浓度随时间的变化。按照比尔定律,有:

$$A = -\lg T = -\lg \frac{I}{I_0} = abc \qquad (2\text{-}59)$$

式中,A 为吸光度;T 为透光率;I 和 I_0 分别为某一定波长的光线通过待测溶液和空白溶液后的光强;a 为吸光系数;b 为样品池光径长度。

本实验选定丙酮的浓度范围为 $0.1 \sim 0.4\text{mol/L}$,氢离子的浓度为 $0.1 \sim 0.4\text{mol/L}$,碘的浓度为 $0.0001 \sim 0.01\text{mol/L}$。反应过程中可认为 $c_{丙}$ 和 $c_{酸}$ 保持不变,又因 $z = 0$,因此反应速率 v 在反应过程中保持不变。将式(2-59)两边对时间 t 求导,得

$$\frac{\mathrm{d}A}{\mathrm{d}t} = ab\frac{\mathrm{d}c_{I_2}}{\mathrm{d}t} = -abv \qquad (2\text{-}60)$$

由于 v 保持不变,以 A 对时间 t 作图,也应得一直线,其斜率应为 $-abv$。若已知 a 和 b,则可计算出反应速率 v。

三、仪器与试剂

仪器:722 型分光光度计 1 台,超级恒温水浴 1 台,移液枪($100 \sim 1000\mu L$)1 支,离心管(10mL)若干。

试剂:丙酮溶液(2.00mol/L),盐酸溶液(2.00mol/L),碘溶液(0.02mol/L),蒸馏水。

四、实验步骤

本实验的整体实施路线如图 2-48 所示。

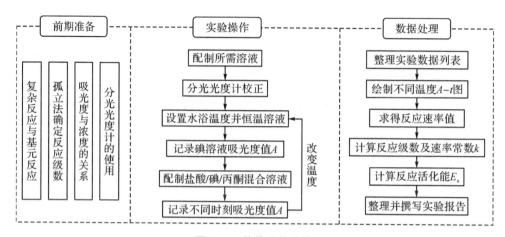

图 2-48　整体实施路线

1.恒温准备、配制溶液

调节超级恒温水浴温度至 $25 \pm 0.1℃$，将装有适量的丙酮溶液（2.00mol/L）、盐酸溶液（2.00mol/L）、碘溶液（0.02mol/L）、蒸馏水的试管置于恒温水浴中恒温。

2.分光光度计[①]校正

在 1cm 比色皿[②]样品池里装 $3000\mu L$ 的蒸馏水。将波长调节盘调到 520nm 处，合上盖板，选择透射模式，调节拉杆位置到调零挡，按下"0％T"键使读数显示 0。调节拉杆位置使装有蒸馏水的比色皿进入光路，按下"100％T"键使读数显示 100。测量时，选择挡调至吸光度（A）模式。

3.测吸光系数 a

在离心管中移入 $400\mu L$ 0.02mol/L 的碘溶液，加入 $2600\mu L$ 蒸馏水，混合均匀，测定其吸光度值，根据 $A=abc$ 计算出 ab 值[③]。

---

① 预热仪器。为使测定稳定，将电源开关打开，使仪器预热 20min，为了防止光电管疲劳，不要连续光照。预热仪器时和在不测定时应将比色皿暗箱盖打开，使光路切断。实验完毕，切断电源，将比色皿取出洗净，并将比色皿座架及暗箱用软纸擦净。

② 用手拿比色皿时，需捏在磨砂处，不可触碰比色皿的透光面，让光源透过光面测试样品。比色皿不可用碱溶液或氧化性强的洗涤液洗涤，也不能用毛刷清洗。比色皿外壁附着的水或溶液应用擦镜纸或细而软的吸水纸吸干，不要擦拭，以免损伤它的光学表面。每次做完实验时，应立即洗净比色皿。比色皿外壁的水用擦镜纸或细软的吸水纸吸干，以保护透光面。测定有色溶液吸光度时，需用有色溶液清洗比色皿内壁数次，以免改变有色溶液的浓度。此外，在测定一系列溶液的吸光度时，通常都按溶液浓度由低到高的顺序测定，以减小测量误差。

③ 本实验可以不测量 b，直接使用 ab 值。

4.测反应溶液的 $A\text{-}t$

根据设定的反应物浓度,用移液枪移取相应体积的溶液,于离心管中配制反应溶液。迅速混匀后,计时,并尽快倒入样品池中读数。之后,每隔半分钟读数一次,确保在吸光度回到 0.100 之前能均匀采得 10 个点以上。

5.改变温度,重新测定

将恒温水浴的温度设定为 35℃,重复以上步骤,测定反应速率。此时可缩短读数间隔,如每隔 15s 读数一次。

五、数据处理

(1)通过已知浓度的碘溶液求得 ab 值。

(2)以各个反应溶液的吸光度值(A)对时间作图,求得其反应速率。实验中各溶液及蒸馏水的建议体积(μL)如表 2-12 所示。

表 2-12 各溶液及蒸馏水的建议体积

序号	丙酮溶液	盐酸溶液	碘溶液	蒸馏水
1	400	400	400	1800
2	200	400	400	2000
3	400	200	400	2000
4	400	400	200	2000

(3)根据上述反应速率分别求出 x、y、z 及 k。

(4)根据不同温度的速率常数 k,求出丙酮碘化反应的活化能 E_a。

六、思考题

(1)动力学实验中,正确计算时间是很重要的实验步骤。本实验中,从反应物开始混合到开始读数,中间有一段较长的操作时间,这对实验结果有无影响?

(2)影响本实验结果精度的主要因素有哪些?

七、参考文献

[1] 刘建兰,张东明.物理化学实验[M].北京:化学工业出版社,2015.

[2] 孙文东,陆嘉星.物理化学实验[M].3 版.北京:高等教育出版社,2014.

[3] 韩莉,金鑫,张卫.关于丙酮碘化反应实验的方法误差的讨论[J].大学化学,2020,35(2):43-45.

八、附录

1. 文献值

(1)反应级数的理论值：$x=1,y=1,z=0$。

(2)反应速率常数与温度的关系如表 2-13 所示。

表 2-13　反应速率常数与温度的关系

反应温度 $t/℃$	0	25	27	35
$10^5 k/(\text{mol}^{-1} \cdot \text{L} \cdot \text{s}^{-1})$	0.115	2.86	3.60	8.80

(3)活化能 $E_a=86.2\text{kJ} \cdot \text{mol}^{-1}$。

2. 分光光度计简介

分光光度计结构如图 2-49 所示。

图 2-49　分光光度计的结构

仪器使用方法如下：

(1)开机自检。确认仪器光路中无阻挡物,关上样品室盖,打开仪器电源开始自检。

(2)预热仪器。仪器自检完成后进入预热状态,若要精确测量,预热时间需要在 30min 以上。

(3)确认比色皿。在将样品移入比色皿前先确认比色皿是否干净、无残留物。

(4)测量吸光度。按"MODE"键选定模式为"A"模式。

(5)旋转波长旋钮到测试波长。

(6)先测黑体的透光率,按"0％T"键校准。

(7)将放有"参比"的样品置于光路中,按"100％T"键校准。

(8)将放有"样品"的样品槽置于光路中,读取吸光度值。

(9)按"ENTER"键打印结果。

(10)重复(7)~(8)测量其余样品。

(11)关机。实验完毕,切断电源,将比色皿取出洗净,并将比色皿座架用软纸擦净。

实验十四　黏度法测定水溶性聚合物的平均分子量

一、实验目的

(1)掌握用乌氏(Ubbelohde)黏度计测定黏度的原理和方法。

(2)测定高聚物聚乙二醇的平均相对分子质量。

二、实验原理

黏度是指液体对流动所表现出的阻力,这种力反抗液体中邻接层面的相对移动,可看作一种内摩擦力,因此,要使液体流动就需在液体流动方向上加一切线力以对抗阻力作用。黏度系数(简称黏度)η的物理意义是,在相距单位距离的两液层中,使单位面积液层维持单位速度差(速度梯度)所需的切线力,可表示为:

$$(F/A) = \eta(\mathrm{d}v/\mathrm{d}r) \tag{2-61}$$

式中,$\mathrm{d}v/\mathrm{d}r$称为速度梯度,F/A称为剪切应力,其单位在 SI 制中为 Pa・s 或 kg・m^{-1}・s^{-1}。

纯溶剂黏度(η_0)反映了溶剂分子间的内摩擦,高聚物溶液的黏度(η)则是高聚物分子间、高聚物分子与溶剂分子间以及溶剂分子间三者内摩擦总和的体现。由于高聚物分子链的长度远大于溶剂分子,加上溶剂化作用,使高聚物溶液流动时,受到的内摩擦阻力较大,表现出较高的黏度。高聚物溶液的黏度还与其高分子链结构、溶液浓度、溶剂性质、温度以及压力等因素有关。溶液黏度的变化,一般采用下列有关的黏度量进行描述。

(1)相对黏度:相同温度下,高聚物溶液黏度与纯溶剂黏度的比值,用η_r表示。

$$\eta_r = \frac{\eta}{\eta_0} \tag{2-62}$$

(2)增比黏度:相同温度下,相对于溶剂,溶液黏度增加的分数,用η_{sp}表示。

$$\eta_{sp} = \frac{\eta - \eta_0}{\eta_0} = \eta_r - 1 \tag{2-63}$$

η_r是整个溶液的黏度行为,而η_{sp}则意味着已扣除了溶剂分子间的内摩擦效应。

(3)比浓黏度:高聚物溶液的η_{sp}往往随浓度c的增加而增加,而单位浓度下所显示出的增比黏度称为比浓黏度(η_{sp}/c)。

$$\frac{\eta_{sp}}{c} = \frac{\eta_r - 1}{c} \tag{2-64}$$

(4)比浓对数黏度:相对黏度的自然对数与浓度的比值,用 $\ln\eta_r/c$ 表示。

$$\frac{\ln\eta_r}{c} = \frac{\ln(1 + \eta_{sp})}{c} \tag{2-65}$$

(5)特性黏度:比浓黏度 η_{sp}/c 在浓度无限稀释时的外推值,用 $[\eta]$ 表示。

$$[\eta] = \lim_{c \to 0} \frac{\eta_{sp}}{c} = \lim_{c \to 0} \frac{\eta_r}{c} \tag{2-66}$$

由于比浓黏度 η_{sp} 反映的是高聚物分子与溶剂分子间以及高聚物分子间的内摩擦效应,而溶液的无限稀释使每个高聚物分子彼此相隔甚远,它们间的相互作用可忽略不计,因此,$[\eta]$ 基本上只反映了高聚物分子与溶剂分子间的内摩擦,其值取决于溶剂的性质及高聚物分子的大小和形态。因为 η_{sp} 是无因次量,所以 $[\eta]$ 的单位是浓度 c 单位的倒数。

由单体分子经加聚或缩聚反应合成的高聚物,其每个分子的大小不可能都相同,因此高聚物的分子量只是一个统计平均值。实验证明,对于给定的聚合物,当溶剂和温度确定后,$[\eta]$ 的数值仅由聚合物的平均相对分子质量 $\overline{M}_\eta$ 所决定,两者间的关系通常用带有 K、α 2 个参数的马克-霍温克(Mark-Houwink)经验方程表示。

$$[\eta] = K \cdot \overline{M}_\eta^{\alpha} \tag{2-67}$$

式中,$\overline{M}_\eta$ 为黏均分子量;K 为比例常数,其值受温度影响较大;α 是与溶液中聚合物分子的形态有关的经验常数。K、α 与聚合物的种类、溶剂性质和温度等有关。对于给定的温度及聚合物-溶剂体系,在一定分子量范围内,K、α 为常数,即 $[\eta]$ 只与聚合物的平均分子量有关。

K、α 的数值只能通过其他可测得聚合物分子量绝对值的方法(如渗透压和光散射法等),并根据 $[\eta]$ 和式(2-67)进行确定,一般可从相关文献手册中查得(见本实验的附录)。

在一定温度下,聚合物溶液黏度对浓度 c 有一定的依赖关系。描述溶液黏度与浓度关系的方程式很多,应用较多的有哈金斯(Huggins)方程和克拉默(Kraemer)方程,分别为:

$$\frac{\eta_{sp}}{c} = [\eta] + k[\eta]^2 c \tag{2-68}$$

$$\frac{\ln\eta_r}{c} = [\eta] - \beta[\eta]^2 c \tag{2-69}$$

式中,k 和 β 分别称为哈金斯常数和克拉默常数。这是两直线方程,以 η_{sp}/c 对 c 或 $\ln\eta_r/c$ 对 c 作图,外推至 $c=0$ 时所得的共同截距即为 $[\eta]$,如图 2-50 所示。获得 $[\eta]$ 后,再代入式(2-67)中,即可得到聚合物的黏均摩尔质量。

101

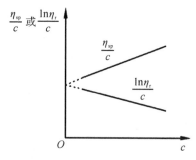

图 2-50　外推法求 $[\eta]$ 值

由此可见,用黏度法测定高聚物的黏均分子量,关键在于 $[\eta]$ 的求得,最简便的方法是用毛细管黏度计测定溶液的相对黏度 η_r。常用的毛细管黏度计有乌氏黏度计,其特点是溶液体积的多少对 η_r 的测量结果无影响,所以可以在黏度计内采取逐步稀释的方法获得不同浓度的聚合物溶液。

根据 η_r 的定义,当液体在毛细管黏度计内因重力作用流出时,遵循

$$\eta_r = \frac{\eta}{\eta_0} = \frac{\rho(At - B/t)}{\rho_0(At_0 - B/t_0)} \tag{2-70}$$

式中,ρ、ρ_0 分别为溶液和溶剂的密度,当溶液浓度 $c < 1 \times 10^3 \, \text{kg} \cdot \text{m}^{-3}$ 时,两者的密度可近似看作相同,即 $\rho \approx \rho_0$;t 和 t_0 分别为溶液和溶剂在毛细管中的流出时间,A、B 为黏度计常数,恒温条件下,当用同一毛细管测定流出时间时,如溶剂的流出时间 $t_0 \geqslant 100 \text{s}$,则动能校正项 B/t 与 At 的数值可忽略,因此溶液的相对黏度 η_r 为:

$$\eta_r = \frac{t}{t_0} \tag{2-71}$$

所以只需测定溶液和溶剂在毛细管中的流出时间就可得到 η_r。

三、仪器与试剂

仪器:乌氏黏度计 1 支,恒温水浴 1 台,10mL 移液管 2 支,秒表 1 块,洗耳球 1 只,乳胶管,夹子,吊锤,铁架台。

试剂:聚乙二醇(分析纯),蒸馏水。

四、实验步骤

本实验的整体实施路线如图 2-51 所示。

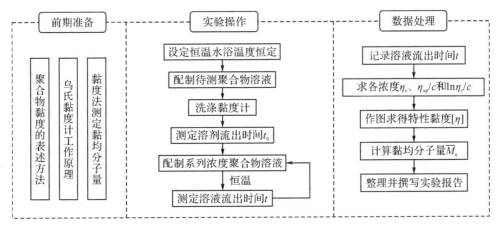

图 2-51 整体实施路线

1. 实验准备

（1）调节恒温水浴温度至 $25.0\pm0.2℃$。

（2）溶液配制。

准确称取 $3.0g$ 聚乙二醇于 $100mL$ 烧杯中,加入约 $40mL$ 蒸馏水进行搅拌溶解,并加入 $0.25mL$ 正丁醇作去泡剂。若溶解较缓慢,可以微热一段时间使其全部溶解。冷却至室温将其转移至 $100mL$ 容量瓶,加蒸馏水稀释至刻度,混合均匀,待用。

（3）黏度计洗涤。

先将黏度计放于存有蒸馏水的超声波清洗机中,让蒸馏水灌满黏度计,打开电源清洗 $5min$;拿出后用热的蒸馏水冲洗 3 次,同时用水泵抽滤毛细管使蒸馏水反复流过毛细管部分,最后用蒸馏水浸泡,备用。

（注:为确保实验顺利进行,"溶液配制"和"黏度计洗涤"这两步由实验老师完成。）

2. 测溶剂流出时间

如图 2-52 所示,用铁架台将黏度计垂直安装在恒温水浴内(G 球及以下部位均浸没在水浴中),用移液管将 $10mL$ 蒸馏水自 A 管注入黏度计 F 球内,恒温 $3min$。在黏度计的 C 管和 B 管上端套上干燥、清洁的乳胶管,并用夹子夹紧 C 管上的乳胶管,使其与大气完全隔绝(否则抽液时会产生气泡)。在 B 管的乳胶管上接洗耳球慢慢抽气,待水升至 G 球中部时,停止抽气,并用夹子夹紧 B 管上的乳胶管。用吊锤再次检查毛细管的垂直度,然后松开 B、C 两管的夹子,此时液体顺毛细管流下,用秒表记下液体流经 a、b 之间所需的时间。重复测定 3 次,每次相差不超过 $0.2s$,取其平均值,即为 t_0 值。

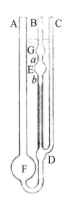

图 2-52　乌氏黏度计

3.黏度计干燥

取出黏度计,倒出其中的水。取少量乙醇自 A 管注入 F 球内,用洗耳球将溶液抽洗至黏度计的 E 球内,使黏度计内各处得以浸润,然后在干燥箱中干燥。

4.测溶液流出时间

用移液管移取 10.0mL 待测聚合物溶液于黏度计中,恒温 3min。同步骤 2 安装黏度计,并测定溶液的流出时间 t。

再用移液管依次加入 2.0mL、3.0mL、4.0mL、5.0mL 蒸馏水,用洗耳球从 C 管鼓气搅拌,并将溶液抽至 E 球后再流下,反复数次,使溶液充分均匀混合的同时,也使黏度计内各处的浓度相等。准确测量每种浓度溶液的流出时间,每种溶液的测定都不得少于 3 次,误差不超过 0.2s。

实验结束,将溶液倒入回收瓶后,用蒸馏水仔细冲洗黏度计 3 次,具体同步骤 3,最后用蒸馏水浸泡,备用。

五、数据处理

(1)根据不同浓度的溶液测定的相应流出时间分别计算 η_r、η_{sp}、η_{sp}/c 和 $\ln\eta_r/c$。

(2)以 η_{sp}/c 和 $\ln\eta_r/c$ 分别对 c 作图,并进行线性外推求得截距,即得 $[\eta]$。

(3)取 25℃时常数 K、α 值,按式(2-67)计算出聚乙二醇的黏均分子量 $\overline{M}_\eta$。

六、思考题

(1)为什么用 $[\eta]$ 来求算高聚物的分子量? 它和纯溶剂黏度有无区别?

(2)乌氏黏度计的毛细管太粗或太细,对实验结果有何影响?

(3)乌氏黏度计中的支管 C 有什么作用？去掉支管 C，三管黏度计变为双管黏度计是否仍可以测黏度？

七、参考文献

[1] 沈军,常彭飞,黄传峰,等.乌氏黏度计法测定聚合物的平均相对分子质量的实验改进[J].山东化工,2019,48(9):132-134.

[2] 许映杰."黏度法测定水溶性高聚物相对分子量"实验的若干改进[J].绍兴文理学院学报(自然科学版),2015,35(8):92-93.

[3] 李楠,宋建华.物理化学实验[M].2版.北京:化学工业出版社,2016.

八、附录

1.文献值

聚乙二醇不同温度时的 K、α 值如表 2-14 所示。

表 2-14　聚乙二醇不同温度时的 K、α 值

$t/℃$	$K \times 10^6/(m^3 \cdot kg^{-1})$	α
25	20.0	0.76
30	12.5	0.78
35	6.4	0.82

聚乙二醇的分子量标示于样品的标签上。

2.讨论与拓展

(1)误差分析。

实验过程中一些因素会影响以 η_{sp}/c 或 $\ln\eta_r/c$ 对 c 作图的线性,因此在测定过程中应该注意这些因素,并尽量减小其影响。

①温度的波动可直接影响溶液黏度的测定,因此超级恒温水浴的控温精度会影响实验结果。不同的溶剂和高聚物,温度波动对黏度的影响程度不同。

②测定过程中微粒杂质局部堵塞毛细管可能会影响实验结果。

③黏度计的垂直度发生改变也会影响实验结果的测定。若黏度计倾斜,在超级恒温水浴中会造成液位差变化,引起测量误差,同时使液体流经时间 t 变大。

④配制的溶液是否完全溶解会影响溶液起始浓度,而导致结果偏低。

（2）实验注意事项。

①黏度计必须洁净，需用蒸馏水浸泡，使用超声波清洗机洗涤。

②聚乙二醇在水中溶解缓慢，配制溶液时必须保证其完全溶解。

③本实验中溶液的稀释是直接在黏度计中进行的，所用溶剂（蒸馏水）必须先在与溶液所处同一超级恒温水浴中恒温，然后用吸量管准确量取并充分混合均匀方可测定。

④测定时黏度计要垂直放置，否则影响结果的准确性。

（注：切应力指的是流体中的一个流块由于受到四周流体的黏性而产生的一种力。任何常见流体都具有黏性，这也是为什么船在水中航行会遇到阻力。这种力的作用效果是剪切，具体来说就像是把一个正方形横向移动，变成一个平行四边形一样。切应力一般作用于流块表面的切线方向，使得流块在运动过程中不断地发生变形。大部分流体受到任何切应力都会变形，称为牛顿流体。黏性所产生的切应力给流体力学的计算带来了很多复杂的难题，至今仍未解决。）

实验十五　临界胶束浓度测定

一、实验目的

(1)了解表面活性剂的特性及胶束形成原理。

(2)了解用电导法测定十二烷基硫酸钠($C_{12}H_{25}SO_4Na$)临界胶束浓度的原理。

(3)学会用 DDS-ⅡA 型电导率仪测溶液的电导率。

二、实验原理

离子型表面活性剂稀溶液的性质与正常的强电解质相似,但当浓度增大到一定值后,它们的性质就会出现显著差异。例如,溶液的电导、表面张力、渗透压、浊度、冰点及光学性质等随表面活性剂浓度的增加将出现明显转折(见图 2-53),且这种性质上的突变总是发生在某个特定浓度范围内。为了解释这种反常现象,英国的 J. W. McBain 于 1912 年提出假设:如图 2-54 所示,溶液表面一旦被一层定向排列的表面活性剂分子完全覆盖后,继续增加的溶质会被挤入溶液本体,通过憎水基相互吸引而缔合成球状胶束以降低体系的能量。随着表面活性剂浓度的增大,球状胶束可转变成棒状胶束和层状胶束。层状胶束具有各向异性的性质,可以用来做液晶。目前,胶束的存在已为 X 射线衍射图谱所证实,胶束的大小和形状也可由多种方法所测定。最初研究显示离子型表面活性剂能形成胶束,之后证实非离子型表面活性剂同样能形成胶束。

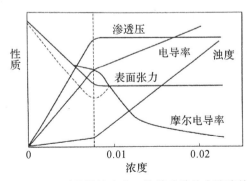

图 2-53　298K 时不同浓度十二烷基硫酸钠水溶液的性质

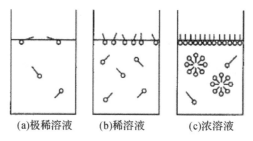

(a)极稀溶液　　(b)稀溶液　　(c)浓溶液

图 2-54　定向排列图

　　表面活性物质在水中形成胶束所需的最低浓度称为临界胶束浓度,用 CMC 表示。CMC 是度量表面活性剂性质的一项重要指标,其数值一般都很小。

　　离子型表面活性剂溶液中对电导有贡献的主要是带长链烷基的表面活性离子和相应的反离子,而胶束的贡献较小。当溶液浓度达到 CMC 时,由于表面活性离子缔合成胶束,对电导贡献较大的反离子被束缚于胶束表面,它们对电导的贡献下降,电导率(κ)随溶液浓度(c)增加的趋势变缓,因此利用离子型表面活性剂随浓度的变化关系作 $\kappa\text{-}c$ 图,由曲线的转折点就可确定 CMC。虽然电导率法测 CMC 是一个经典方法,但只限于离子型表面活性剂。本实验采用电导法来测定十二烷基硫酸钠在指定温度下的 CMC 值。

三、仪器与试剂

　　仪器:DDS-ⅡA 型电导率仪 1 台,容量瓶(50mL)12 个,260 型电导电极 1 支,容量瓶(1000mL)1 个,恒温槽 1 套。

　　试剂:十二烷基硫酸钠(分析纯),KCl(分析纯),超纯水。

四、实验步骤

　　本实验的整体实施路线如图 2-55 所示。

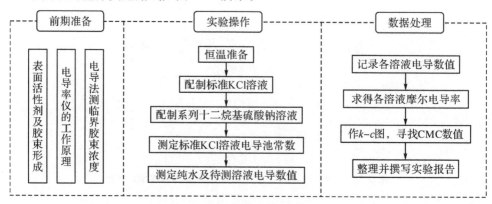

图 2-55　整体实施路线

1. 溶液配制

取十二烷基硫酸钠,用超纯水配制成浓度为 0.001、0.002、0.004、0.006、0.008、0.009、0.010、0.012、0.014、0.016、0.018、0.020(单位均为 mol·L^{-1})的系列溶液 12 个。同时,配制浓度为 0.001mol·L^{-1} 的标准 KCl 溶液,待用。

2. 样品恒温

设置水浴温度为 30.0℃,将空样品管置于恒温水浴恒温至设定温度。

3. 标定常数

选用浓度为 0.001mol·L^{-1} 标准 KCl 溶液为标定溶液,通过调节仪器旋钮标定电导池常数。

4. 电导值测定

分别测定超纯水及 12 个不同十二烷基硫酸钠浓度溶液的电导值,浓度由低到高依次测定。测定过程中不断振荡电导池。

设置水浴温度为 40.0℃,测定 40.0℃时水和溶液的电导值。

五、数据处理

(1)将实验数据填入表 2-15。

表 2-15　实验数据记录表

$c \times 10^{-3}/(\text{mol·L}^{-1})$	1	2	4	6	8	9	10	12	14	16	18	20
$\kappa \times 10^{3}/(\text{S·cm}^{-1})$												

(2)作 κ-c 图,找出 CMC 数值。

(3)根据表面活性剂胶束浓度与温度的关系 $\dfrac{\text{d}\ln c_{\text{CMC}}}{\text{d}T} = -\dfrac{\Delta H}{RT^2}$,求出十二烷基硫酸钠的溶解焓。

文献值:40℃时,$C_{12}H_{25}SO_4Na$ 的 CMC 为 8.7×10^{-3}mol·L^{-1}。

六、思考题

(1)若要知道所测得的临界胶束浓度是否正确,可用什么实验方法进行验证?

(2)最大气泡法也可测表面张力及临界胶束浓度,请问它与本实验所采用的方法

有什么异同?

(3)不同方法测得的 CMC,在数值上会不会相等? 为什么?

七、参考文献

[1] 王岩,王晶,卢方正,等.十二烷基硫酸钠临界胶束浓度测定实验的探讨[J].实验室科学,2012,15(3):70-72.

[2] 杨锐,杨春花,王力峰,等.不同方法测定两种表面活性剂的临界胶束浓度[J].广州化工,2014,42(12):116-118.

[3] 舒梦,陈萍华,蒋华麟,等.十二烷基硫酸钠的临界胶束浓度的测定及影响分析[J].化工时刊,2014,28(3):1-3.

[4] 张洪林,孔哲,闫咏梅,等.微量量热法研究阴离子表面活性剂在 DMA/长链醇体系中 CMC 和热力学函数[J].化学学报,2007(10):906-912.

[5] 郝春玲.电导法测定表面活性剂的临界胶束浓度实验的改进[J].广东化工,2019,46(13):213,215.

八、附录

1.数据处理示例

(1)实验数据如表 2-16 所示。

表 2-16 十二烷基硫酸钠的电导率-浓度表

恒温:28℃ 　　　大气压:101.30kPa 　　　电导池常数 K:1.05

c/(mol·L^{-1})	0.002	0.004	0.006	0.008	0.010	0.012	0.014	0.016	0.018	0.020
$\kappa \times 10^3$/(S·cm^{-1})	0.120	0.240	0.380	0.495	0.580	0.625	0.680	0.725	0.780	0.835

文献参考值:$C_{12}H_{25}SO_4Na$ 的 CMC 为 8.8×10^{-3} mol·L^{-1}。

由于本实验采用稀释法配制 12 份不同浓度的溶液时需要较长的时间,所以通常情况下省略标定电极常数这一步,实验中直接采用已知电极常数的电极。目前,南开大学武艳丽等人采用磨口锥形瓶逐渐稀释的方法改进了这个实验,使得实验时间大大缩短。

2.讨论与拓展

(1)实验关键点。

①离子型药品要分析纯,易溶,称样前须烘干(不烤焦),不含水等其他杂质。

②系列溶液定容配制要准确。定容时,刻度处若有少量泡沫,则改用胶头滴管进行滴水去除。

③注意预温、恒温测定。

④测准电导电极的仪器常数,校正电导率仪,并正确进行测溶液电导的操作。

(2)可以通过多种方法确定临界胶束浓度,如表面张力法、电导法、浊度法、染料法、光散射法等。其中最常用的是表面张力法。此法不管是对离子型还是非离子型表面活性剂均通用。因为就达到临界胶束浓度而言,此时溶液表面的表面活性物质达到了单分子层饱和吸附,经由 CMC 点,溶液的表观吸附曲线出现转折,即曲线在 CMC 点时呈现极大值。故所有能测表面张力的实验方法均可测临界胶束浓度。各种测表面张力法如表 2-17 所示。

表 2-17　各种测表面张力法的比较

方法名称	表面平衡情况	湿润性相关	仪器	操作	温度控制	数据处理
毛细管法	很好	密切相关	测高仪	简便	易	须加校正
脱环法	不好	有关	测力仪	简便	不易	须加校正
吊片法	很好	密切相关	测力仪	简便	不易	简便
泡压法	不平衡	基本无关	压差计	简便	不易	须加校正
滴外形法	很好	无关	摄影或双向测距	复杂	易	复杂
滴重法	接近平衡	基本无关	天平	简单	易	须加校正

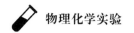

实验十六　最大泡压法测定溶液的表面张力

一、实验目的

(1)了解表面张力的概念、表面自由能的含义以及表面张力和表面吸附的关系。

(2)掌握用最大泡压法测定表面张力的原理和技术。

(3)测定不同浓度乙醇水溶液的表面张力,计算表面吸附量和乙醇分子的横截面积。

二、实验原理

1.表面自由能

从热力学观点看,在液体内部,任一分子受周围其他分子的吸引力是平衡的,但液体表面层的分子却要受到向内的合力,因此在液体自由状态下总有表面积缩小的趋势。要使液体的表面积增大,就必须反抗分子向内的合力而做功,说明了分子在表面层比在液体内部有更大的能量,具有表面能。因此,液体表面积的缩小是一个体系总能量减小的过程,即自发过程。反之,欲使液体产生新的表面 ΔA,则需要对其做功 W。在恒温、恒压及组成不变的条件下,W 的大小与 ΔA 成正比:

$$-W = \gamma \Delta A \tag{2-72}$$

式中,γ 表示液体的比表面能(单位为 $J \cdot m^{-2}$),也就是表面张力系数,简称表面张力(单位为 $N \cdot m^{-1}$)。它表示了液体表面自动收缩趋势的大小。表面张力是液体的重要特性之一,它与所处的温度、压力、浓度以及共存的另一相的组成有关。

2.溶液的表面吸附

如果溶质能降低溶剂的表面张力,表面层中溶质的浓度要比溶液内部大;反之,溶质使溶剂的表面张力升高,它在表面层中的浓度比在内部的浓度低,这种表面浓度与内部浓度不同的现象叫作溶液的表面吸附。在指定的温度和压力下,溶质在溶液表面的吸附量与溶液的表面张力及溶液的浓度之间的关系遵守吉布斯(Gibbs)吸附等温式:

$$\Gamma = -\frac{c}{RT}\left(\frac{\mathrm{d}\gamma}{\mathrm{d}c}\right)_T \tag{2-73}$$

式中，Γ 为溶质在表层的吸附量（单位为 mol·m^{-2}）；T 为热力学温度（单位为 K）；c 为稀溶液浓度（单位为 mol·L^{-1}）；R 为摩尔气体常数。

当 $\left(\frac{\mathrm{d}\gamma}{\mathrm{d}c}\right)_T < 0$ 时，即表面层浓度大于内部时，$\Gamma > 0$，称为正吸附；当 $\left(\frac{\mathrm{d}\gamma}{\mathrm{d}c}\right)_T > 0$ 时，$\Gamma < 0$，称为负吸附。吉布斯吸附等温式应用范围很广，但式(2-73)仅适用于稀溶液。

引起溶剂表面张力降低的物质叫表面活性物质。被吸附的表面活性物质分子在界面层中的排列，取决于它在液层中的浓度，如图 2-56 所示。图 2-56 中(a)和(b)是表面层未饱和时分子的排列，(c)是表面层饱和时分子的排列。随着表面上被吸附分子的浓度增大，它的排列方式逐渐改变，最后，在浓度足够大时，被吸附分子覆盖了所有表面的位置，形成饱和吸附层。

以表面张力对溶液浓度作图，可得到 γ-c 曲线，如图 2-57 所示。在浓度较小时，γ 随浓度增加而迅速下降，而后下降变得缓慢。

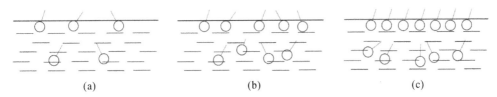

(a)　　　　　　　　　　　(b)　　　　　　　　　　　(c)

图 2-56　表面活性分子在界面上的排列

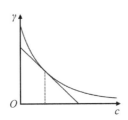

图 2-57　表面张力和浓度关系

3.饱和吸附与溶质分子的横截面关系

吸附量 Γ 与浓度 c 之间的关系，可用朗格缪尔(Langmuir)吸附等温式表示：

$$\Gamma = \Gamma_\infty \frac{kc}{1+kc} \tag{2-74}$$

式中，Γ_∞ 为饱和吸附量；k 为吸脱附平衡常数。

将朗格缪尔吸附等温式代入吉布斯吸附等温式中。

$$\Gamma_\infty \frac{kc}{1+kc} = -\frac{c}{RT}\left(\frac{\mathrm{d}\gamma}{\mathrm{d}c}\right)_T$$

$$d\gamma = -\Gamma_\infty RT \frac{k}{1+k}dc$$

$$\gamma = \gamma_0 - \Gamma_\infty RT \ln(1+kc) \tag{2-75}$$

式中，γ、γ_0 分别为溶液和纯水的表面张力；Γ_∞ 为饱和吸附量。这样可以通过Origin软件中的非线性拟合方法，得到 Γ_∞ 和 k 值 2 个参数。

如果以 N 代表每平方米表面上溶质的分子数，则有 $N=\Gamma_\infty L$，式中 L 为阿伏伽德罗（Avogadro）常数，由此可得每个溶质分子在表面上所占据的横截面积为：

$$\sigma_B = \frac{1}{\Gamma_\infty L} \tag{2-76}$$

4.最大泡压法测定表面张力

当毛细管下端端面与被测液体液面相切时，液体沿毛细管上升。此时，在毛细管上方逐渐增加气压，就会将管内液面压至管口，并形成气泡。当其曲率半径恰好等于毛细管半径 r 时，根据拉普拉斯（Laplace）公式，此时气泡能承受的压力差最大：

$$\Delta P_{\max} = P_0 - P_r = \frac{2\gamma}{\gamma} \tag{2-77}$$

随着毛细管上方气压进一步增加，该气泡被压出管口。曲率半径再次增大，此时气泡表面膜所能承受的压力差减小，而测定管中的压力差进一步加大，故立即导致气泡破裂。最大压力差可通过数字式微差测量仪得到。

用同一个毛细管分别测定纯水和乙醇水溶液时，可得下列关系：

$$\gamma_{溶液} = \frac{\gamma_{纯水}}{\Delta P_{\max,纯水}}\Delta P_{\max,溶液} = K'\Delta P_{\max,溶液} \tag{2-78}$$

由此可求得溶液的表面张力。

三、仪器与试剂

仪器：表面张力测定装置 1 台，恒温水浴（公用）1 台，阿贝折光仪 1 台，滴管，烧杯（20mL）数只。

试剂：乙醇（分析纯）。

四、实验步骤

本实验的整体实施路线如图 2-58 所示。

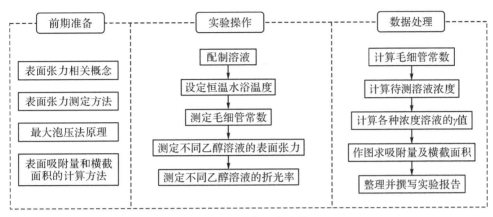

图 2-58　整体实施路线

1.配制溶液、恒温准备

(1)用称重法粗略配制 5％、10％、15％、20％、25％、30％、35％、40％的乙醇溶液各 50mL 待用。

(2)采用玻璃恒温夹套,连接恒温水浴恒温,且将恒温水浴调至 25℃。

2.测定毛细管常数

(1)洗净测定管,注入蒸馏水,使管内液面刚好与毛细管口相接触。所用毛细管必须干净,并使毛细管与测定管内液面垂直相切,仪器系统不能漏气。

(2)恒温 10min。慢慢打开烧瓶旋塞,注意气泡形成的速率应保持稳定,并控制在每分钟 8～12 个气泡,此时微压差测量仪的读数约在 700～800Pa[①] 之间,读取压力计的压差时,应取气泡单个逸出时的最大压力差。测量 3 次,取平均值。

3.测定乙醇溶液的表面张力

同步骤 2,依浓度由低到高,测定不同浓度乙醇溶液的表面张力,并测定其折光率。

4.测定标准乙醇溶液的折光率

使用阿贝折光仪测定标准乙醇溶液的折光率,作工作曲线。

五、数据处理

(1)以纯水的测量结果按方程计算值。25.0℃时,水的表面张力为 71.97×10^{-3} N/m。

(2)绘制标准乙醇溶液的浓度-折光率工作曲线,根据乙醇溶液折光率查出浓度。

---

① 毛细管半径不能太大或太小。如果太大,Δp_{max} 小,引起的读数误差大;如果太小,气泡易从毛细管中成串、连续地冒出,泡压平衡时间短,压力计所读最大压力差不准。一般 Δp_{max} 在 700Pa 左右为宜。

(3)分别计算各乙醇溶液的 γ 值。

(4)作 γ-c 图,并通过非线性拟合得到饱和吸附量 $\varGamma_\infty$ 和 k 值。

(5)由式(2-76)计算 σ_B 值,并与文献值比较,讨论产生误差的原因。

六、思考题

(1)本实验中为什么要读取最大压力差?

(2)能否将毛细管末端插入溶液内部进行测量?为什么?

(3)测定过程中能否用减压的方法来吹泡?

(4)为何要控制气泡逸出速率?

七、参考文献

[1]苏育志.基础化学实验(Ⅲ):物理化学实验[M].北京:化学工业出版社,2010.

[2]刘廷岳,王岩.物理化学实验[M].北京:中国纺织出版社,2006.

[3]李楠,宋建华.物理化学实验[M].2版.北京:化学工业出版社,2016.

[4]魏西莲.物理化学实验[M].青岛:中国海洋大学出版社,2019.

八、附录

1. 表面张力测定装置简介

表面张力测定装置如图 2-59 所示。

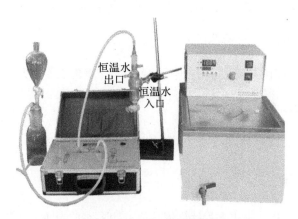

图 2-59 表面张力测定装置

仪器操作方法如下:

(1)将玻璃器皿洗涤干净,按图示将装置搭好。

(2)在测定管中注入蒸馏水,使管内液面刚好与毛细管口相接触,打开恒温水浴,恒温 10min。

(3)慢慢打开滴液漏斗活塞,观察测定管中气泡的形成速率,通常控制在每分钟 8～12 个气泡,即数字式微压差测量仪的读数约在 700～800Pa 之间。

(4)读数 3 次,取平均值。

(5)按(2)～(3)的步骤测定不同浓度乙醇的表面张力。

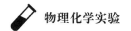

实验十七　溶液法测定极性分子的偶极矩

一、实验目的

(1)了解偶极矩与分子结构间的关系。

(2)学会溶液法测定偶极矩的实验技术。

(3)用溶液法测定乙酸乙酯的偶极矩。

二、实验原理

1.偶极矩与极化度

分子是由带正电荷的原子核和带负电荷的电子组成的,分子呈电中性,但因空间构型的不同,正负电荷中心可能重合,也可能不重合,前者为非极性分子,后者为极性分子。分子极性的大小用偶极矩 μ 来度量,定义为:

$$\mu = q \cdot d \tag{2-79}$$

式中,q 为正、负电荷中心所带的电荷量,SI 制单位是库仑(C);d 是正、负电荷中心间的距离,单位是米(m)。因此,μ 的单位是 C·m。

通过对分子偶极矩的测定,可以了解分子中电子云的分布,判别分子的对称性及几何异构体等。偶极矩是一个矢量,化学学科规定其方向为从正到负(见图 2-60)。

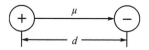

图 2-60　电偶极矩示意图

极性分子具有永久偶极矩,自由状态时,由于分子的热运动,偶极矩指向各个方向的机会相同,所以其统计值为零。若将极性分子置于均匀电场中,偶极矩会趋向电场方向排列,该过程称为转向极化,其程度可用摩尔转向极化度 $P_{转向}$ 来衡量:

$$P_{转向} = \frac{1}{4\pi\varepsilon_0} \cdot \frac{4}{3}\pi \cdot N_A \cdot \frac{\mu^2}{3kT} \tag{2-80}$$

式中,N_A 为阿伏伽德罗常数;k 为玻耳兹曼常数;T 为热力学温度。

不论是极性分子还是非极性分子,在外电场作用下,都会发生电子云相对分子骨架的移动,并伴随着分子骨架的变形,这种由外电场导致的极化称为诱导极化或变形极化,其程度用摩尔诱导极化度 $P_{诱导}$ 来衡量。$P_{诱导}$ 与温度无关,而与外电场强度成正比。显然,$P_{诱导}$ 可分为电子极化度 $P_{电子}$ 和原子极化度 $P_{原子}$ 两部分,即 $P_{诱导}=P_{电子}+P_{原子}$。

当极性分子处于交变电场中时,其极化情况还与交变电场的频率有关。在静电场或频率小于 $10^{10}\,s^{-1}$ 的低频电场中,摩尔极化度 P 为转向极化、电子极化和原子极化的总和:

$$P=P_{转向}+P_{电子}+P_{原子} \tag{2-81}$$

当交变电场的频率增加到 $10^{12}\sim10^{14}\,s^{-1}$ 的中频(红外频率)时,极性分子的转向运动会跟不上电场的变化,此时分子来不及沿电场定向,故 $P_{转向}=0$,即 $P=P_{诱导}=P_{电子}+P_{原子}$。当频率进一步增加到大于 $10^{15}\,s^{-1}$ 的高频(可见光和紫外频率)时,分子骨架的变形都跟不上电场的变化,此时 $P=P_{电子}$。

因此,只要在静电场中测得极性分子的摩尔极化度 P,在红外频率下测得摩尔诱导极化度 $P_{诱导}$,两者相减得到摩尔转向极化度 $P_{转向}$,代入式(2-80)就可求出极性分子的永久偶极矩 μ。

2.摩尔极化度 P 的测定

(1)摩尔极化度 P 的计算。

克劳修斯(Clausius)、莫索蒂(Mosotti)和德拜(Debye)从电磁理论得到了摩尔极化度 P 与介电常数 ε 之间的关系:

$$P=\frac{\varepsilon-1}{\varepsilon+2}\times\frac{M}{\rho} \tag{2-82}$$

式中,M、ρ 分别为待测物质的摩尔质量和密度。

式(2-82)是假定分子与分子间无相互作用的前提下推得的,只适用于温度不太低的气相体系。而在实验上要测定气相的介电常数和密度,难度颇大。因此,又提出溶液法来解决这一难题。溶液法的基本思路是,在无限稀释的非极性溶剂的溶液中,极性的溶质分子所处的状态与气相时相近,于是无限稀释溶液中溶质的摩尔极化度 P_2^{∞} 就可以看作式(2-82)中的 $P(P=P_2^{\infty})$。

海德斯特兰(Hedestrand)首先利用稀溶液的近似公式:

$$\varepsilon_{溶}=\varepsilon_1(1+\alpha x_2) \tag{2-83}$$

$$\rho_{溶}=\rho_1(1+\beta x_2) \tag{2-84}$$

式中,$\varepsilon_{溶}$、$\rho_{溶}$ 分别是溶液的介电常数和密度;ε_1、ρ_1 分别是溶剂的介电常数和密度;x_2 是溶质的摩尔分数;α、β 分别是与 $\varepsilon_{溶}$-x_2、$\rho_{溶}$-x_2 直线斜率有关的常数。

在式(2-83)(2-84)的基础上,再根据溶液的加和性,可推导出无限稀释时溶质的 P_2^{∞}:

$$P = P_2^{\infty} = \lim_{x_2 \to 0} P_2 = \frac{3\alpha\varepsilon_2}{\varepsilon_1 + 2} \cdot \frac{M_2}{\rho_1} + \frac{\varepsilon_1 - 1}{\varepsilon_1 + 2} \cdot \frac{M_2 - \beta M_1}{\rho_1} \tag{2-85}$$

式中，M_1、M_2 分别为溶剂和溶质的摩尔质量。

（2）介电常数 ε 的测定。

在电容器的两极板间填充某种物质，电容器的电容量就会增大。设 C_0、$C_{样}$ 分别为极板处于真空和填充样品时的电容量，则该样品的介电常数 ε 为：

$$\varepsilon = \frac{C_{样}}{C_0} \tag{2-86}$$

测定电容量的方法一般有电桥法、拍频法和谐振法，本实验采用电桥法。该法在用小电容测量仪测量电容时，实际测得的电容 C'_x 应是样品的电容 C_x 和整个测试系统中的分布电容 C_d 之和，即 $C'_x = C_x + C_d$。C_d 对同一台仪器而言是个定值，称为仪器的本底值，因此，需先求出 C_d，并在各次测量结果中予以扣除，才能获得精准的电容值。

C_d 测定的方法为，用一已知介电常数的标准物质测得电容 $C'_{标}$，则：

$$C'_{标} = C_{标} + C_d \tag{2-87}$$

再测空气（无样品时）的电容：

$$C'_{空} = C_{空} + C_d \tag{2-88}$$

近似地认为：

$$C_{空} \approx C_0 \tag{2-89}$$

又因：

$$\varepsilon_{标} = \frac{C_{标}}{C_0} \approx \frac{C_{标}}{C_{空}} \tag{2-90}$$

由式（2-87）（2-88）（2-89）（2-90）可推得：

$$C_0 = \frac{C'_{标} - C'_{空}}{\varepsilon_{标} - 1} \tag{2-91}$$

$$C_d = C'_{空} - C_0 \tag{2-92}$$

样品的介电常数为：

$$\varepsilon_{标} = \frac{C_{标} - C_d}{C_0} \tag{2-93}$$

上述式子中，$C_{标}$ 和 $C_{空}$ 分别为标准物质和空气的真实电容值。有关电容测量仪的结构、原理、操作参见仪器介绍。

3. 诱导极化度 $P_{诱导}$ 的测定

虽然在红外频率的电场下可以测得极性分子的 $P_{诱导}$，但实验条件几乎不可行，考虑到原子极化度 $P_{原子}$ 通常只有 $P_{电子}$ 的 $5\% \sim 10\%$，且 $P_{转向}$ 大于 $P_{电子}$，故常常忽略 $P_{原子}$ 对摩尔极化度的贡献，常采用在可见光频率下测得的 $P_{电子}$ 来替代 $P_{诱导}$，即 $P_{电子} \approx$

$P_{诱导}$。

根据光的电磁理论,同一频率可见光条件下,透明物质的介电常数 ε 和折光率 n 的关系为:

$$\varepsilon = n^2 \tag{2-94}$$

在可见光频率的交变电场中,由于 $P_{转向}=0$,$P_{原子}=0$,习惯上用摩尔折射度 R_2 来表示 $P_{电子}$,即

$$R_2 = P_{电子} = \frac{n^2-1}{n^2+2} \cdot \frac{M}{\rho} \tag{2-95}$$

在稀溶液中,折光率 n 也存在与式(2-83)(2-84)类似的公式:

$$n_{溶} = n_1(1+\gamma x_2) \tag{2-96}$$

同样可从式(2-95)推导出无限稀释时溶质的摩尔折射度 R_2^{∞}:

$$P_{电子} = R_2^{\infty} = \lim_{x_2 \to 0} R_2 = \frac{n_1^2-1}{n_1^2+2} \cdot \frac{M^2-\beta M_1}{\rho_1} + \frac{6n_1^2 M_1 \gamma}{(n_1^2+2)^2 \rho_1} \tag{2-97}$$

式(2-96)(2-97)中,$n_{溶}$ 是溶液的折光率;n_1 是溶剂的折光率;γ 是与 $n_{溶}$-x_2 直线斜率有关的常数。

4.偶极矩的计算

综上所述,由式(2-80)(2-81)(2-85)和(2-97)可得:

$$P_{转向} = P_2^{\infty} - R_2^{\infty} = \frac{4}{9}\pi L \frac{\mu^2}{kT} \tag{2-98}$$

极性分子的永久偶极矩可用下面简化式计算:

$$\mu = 0.04274 \times 10^{-30} \sqrt{(P_2^{\infty}-R_2^{\infty})T} \,(\text{C} \cdot \text{m}) \tag{2-99}$$

若需考虑 $P_{原子}$ 影响,可对 R_2^{∞} 进行部分修正。

上述测求极性分子偶极矩的方法称为溶液法。溶液法测得的溶质偶极矩与真实值之间存在一定偏差,其原因就在于非极性溶剂与极性溶质分子间的"溶剂化"作用,这种偏差现象称为溶液法测量偶极矩的"溶剂效应",有兴趣的读者可阅读有关参考资料。

三、仪器与试剂

仪器:PCM-1A 型精密电容测量仪 1 台,电容池 1 个,超级恒温水浴 1 台,比重管 1 只,阿贝折光仪 1 台,容量瓶(50mL)5 个,5mL 移液管 1 支。

试剂:乙酸乙酯(分析纯),CCl_4(分析纯)。

四、实验步骤

本实验的整体实施路线如图 2-61 所示。

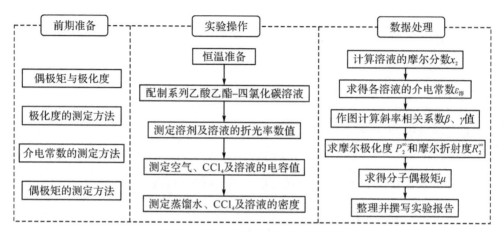

图 2-61　整体实施路线

1. 溶液配制

用称重法在容量瓶中分别配制 6 种不同浓度的乙酸乙酯-四氯化碳溶液,控制乙酸乙酯的浓度(摩尔分数)在 0.15 以内。操作应迅速,以防止溶质和溶剂挥发以及吸收极性较大的水汽,溶液配好后应迅速盖上瓶盖。

2. 折光率测定

在 25.0±0.1℃ 条件下用阿贝折光仪测定 CCl_4 及各配制溶液的折光率。测定时各样品需加样 3 次,每次读取 3 个数据,数值间相差不得超过 0.0003,取平均值。

3. 介电常数测定

本实验采用 CCl_4 为标准物质,其介电常数的温度公式为:

$$\varepsilon_{标} = 2.238 - 0.0020(t-20) \tag{2-100}$$

式中,t 为实验温度(℃)。

用电吹风将电容池两极间的加样孔吹干,旋上盖子,将电容池与小电容测量仪相连接,接通恒温浴导油管,使电容池恒温在 25.0±0.1℃。按仪器介绍的操作方法测量电容值。重复测量 3 次,取平均值,即为 $C'_{空}$。

用 4mL 移液管移取 4mL CCl_4 加入电容池中①，旋紧金属盖，数字表头上所示值即为 $C'_标$。记录数据后，将 CCl_4 倒入回收瓶中，用冷风将样品室吹干后再测 $C'_空$ 值，与前面所测的 $C'_空$ 差值应小于 0.05pF，否则表明样品室有残液，应继续吹干，至测量值符合要求。② 然后再装入 CCl_4，并测电容值。取 2 次测量的平均值。③

用同样方法测定 6 种溶液的 $C'_溶$，减去 C_d，即为各溶液的电容值 $C_溶$。

4. 溶液密度的测定

将奥斯瓦尔德-斯普林格比重管（见图 2-62）仔细干燥后称重 m_0。取下 2 个磨口小帽，将 a 支管的管口插入事先沸腾再冷却后的蒸馏水中，用洗耳球从 b 支管管口慢慢抽气，将蒸馏水吸入比重管内，至水充满 b 端小球止，盖上两小帽，用不锈钢丝 c 将比重管吊在恒温水浴中，在 25.0±0.1℃下恒温 10min。然后将比重管的 b 端略向上仰，用滤纸从 a 支管管口吸取管内多余的蒸馏水，以调节 b 支管的液面到刻度 d。从恒温槽中取出比重管，将磨口小帽先套 a 端管口，后套 b 端，并用滤纸吸干管外所沾的水，称重得 m_1。

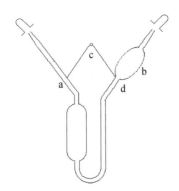

图 2-62　测定易挥发液体的比重管示意图

同上法，对 CCl_4 以及配制溶液分别进行测定，所得质量为 m_2，则 CCl_4 和各溶液的密度为：

$$\rho^{25℃} = \frac{m_2 - m_0}{m_1 - m_0} \cdot \rho_水^{25℃} \qquad (2\text{-}101)$$

---

① 每次装入量严格相同，样品过多会腐蚀密封材料、渗入恒温腔，实验无法正常进行。

② 每次测定前要用冷风将电容池吹干，并重测 $C'_空$，与原来的 $C'_空$ 值相差应小于 0.05pF。严禁用热风吹样品室。

③ 由于溶液易挥发而造成浓度的改变以及易吸收空气中极性较大的水汽，故而测 $C'_溶$ 时，操作应迅速，池盖要盖紧，装样品的滴瓶也要随时盖严。

五、数据处理

(1)按 6 个溶液的实测质量,计算不同溶液的实际摩尔分数 x_2。

(2)计算 C_0、C_d 和各溶液的 $C_溶$ 值,求出各溶液的介电常数 $\varepsilon_溶$;作 $\varepsilon_溶$-x_2 图,由直线斜率计算 α 值。

(3)计算纯 CCl_4 及各溶液的密度,作 ρ-x_2 图,由直线斜率计算 β 值。25℃时,水的密度为 997.0449kg·m^{-3}。

(4)作 $n_溶$-x_2 图,由直线斜率计算 γ 值。

(5)将 ρ_2、ε_1、α 和 β 值代入式(2-85)计算 P_2^∞。

(6)将 ρ_1、n_1、β 和 γ 值代入式(2-97)计算 R_2^∞。

(7)将 P_2^∞、R_2^∞ 值代入式(2-99)计算乙酸乙酯分子的偶极矩 μ 值。

六、思考题

(1)准确测定溶质摩尔极化度和摩尔折射度时,为什么要外推至无限稀释?

(2)如何利用溶液法测量偶极矩的"溶剂效应"来研究极性溶质分子与非极性溶剂的相互作用?

(3)哪种点群类型的分子具有偶极矩?

七、参考文献

[1] 孙尔康,高卫,徐维清,等.物理化学实验[M].2 版.南京:南京大学出版社,2010.

[2] 何玉萼,李浩钧,罗开容.溶液法测定分子偶极矩的简化处理[J].化学通报,1989(4):54-56.

[3] 周公度,段连运.结构化学基础[M].5 版.北京:北京大学出版社,2017.

[4] 刘建兰,张东明.物理化学实验[M].北京:化学工业出版社,2015.

[5] 项一非,李树家.中级物理化学实验[M].北京:高等教育出版社,1988.

八、附录

1. 文献值

乙酸乙酯分子的偶极矩如表 2-18 所示。

表 2-18　乙酸乙酯分子的偶极矩

$\mu \times 10^{-30}/(C \cdot m)$	状态或溶剂	温度/℃
5.94	气	30～195
6.10	液	25
5.87	CCl_4	25

2. PCM-1A 型介电常数测量仪简介

PCM-1A 型介电常数测量仪和电容池如图 2-63 所示。

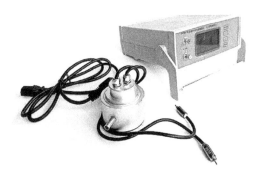

图 2-63　PCM-1A 型介电常数测量仪和电容池

操作规程如下：

(1)准备工作。必须选用非极性液体作恒温浴介质，且电容池与恒温浴间的连接必须紧密，以防恒温油泄漏。

(2)接通电源，预热 10min，并确保内外电极之间不存在任何杂质。

(3)每台仪器配有 2 根两头接有莲花插头的屏蔽线，将这 2 根屏蔽线分别插至仪器上标有"电容池"和"电容池座"字样的莲花插座内，另一端暂时不插入插座。保持 2 根屏蔽线不短路，不接触其他导电体，且电容池水平放置。

(4)按下校零按钮，此时数字显示器应显示零值。

(5)分别将 2 根屏蔽线的另一端插入电容池上标有"Ⅰ"和"Ⅱ"的插座，此时数字显示器显示的是空气的电容值。

(6)用移液管往电容池内加入待测液体样品，盖好，从数字显示器读取该样品的电容值。需要注意的是：①待测液体恒温后才能测量；②每次样品的加入须浸没电极且加入量必须严格相等，但不可碰触到端盖，同时盖子须旋紧；③对于易挥发溶液，测量操作应迅速，尽可能减小测试过程导致的溶液浓度改变。

(7)用吸管吸出电容池内的液体样品，并用洗耳球吹干电容池，池内的液体样品必须全部挥发后才能加入新的待测样品。

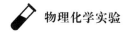

3.讨论与拓展

(1)偶极矩的作用。

从分子偶极矩的数据可以了解其结构的对称性,判别其几何异构构型。如对于 AB_3 型分子,假设测得其 $\mu=0$,则分子很可能是平面正三角形,如果 $\mu\neq0$,则可能为三角锥形。

(2)偶极矩的测定方法。

除介电常数方法外,还有其他多种测定偶极矩的方法,如分子射线法、分子光谱法、温度法以及利用微波谱的斯塔克效应等。

(3)由于溶液中存有溶质分子与溶剂分子间以及溶剂分子自身间相互作用的溶剂效应,所以溶液法测得的溶质偶极矩与真实值之间存在着一定偏差。文献中还有一种用温度法测量气相分子永久偶极矩的方法,有兴趣的读者可比较2种不同方法的特点和各自的局限性。

实验十八 络合物的磁化率测定

一、实验目的

(1)掌握古埃磁天平测定物质磁化率的基本原理和实验方法。

(2)通过对一些络合物的磁化率测定,推算其不成对电子数,判断这些分子的配键类型。

(3)掌握络合物磁化率同其中心金属离子核外未成对电子数之间关系的原理。

二、实验原理

1.磁化现象

在外磁场的作用下,物质会被磁化产生附加磁感应强度,则其内部的磁感应强度[①]为:

$$B = B_0 + B' = \mu_0 H_0 + \mu_0 H'_0 = \mu_0 H_0 + \mu_0 \chi H_0 = (1+\chi)H_0 \qquad (2\text{-}102)$$

式中,B_0 为外磁场的磁感应强度;B' 为物质磁化产生的附加磁感应强度;H_0 为外磁场强度;μ_0 为真空磁导率,其数值等于 $4\pi \times 10^{-7} \text{N} \cdot \text{A}^{-2}$;$H'_0$ 为磁化强度;χ 为物质的体积磁化率,是物质的一种宏观磁性质。

化学中常用质量磁化率或摩尔磁化率来表示物质的磁性质。它们的定义为:

$$\chi_M = M \cdot \chi_m = \frac{M\chi}{\rho} \qquad (2\text{-}103)$$

式中,χ_M 为摩尔磁化率,单位为 $\text{m}^3 \cdot \text{mol}^{-1}$;$\chi_m$ 为质量磁化率,单位为 $\text{m}^3 \cdot \text{kg}^{-1}$;$M$ 为物质的摩尔质量;ρ 为物质密度(固体为装填密度)。

物质在外磁场作用下的磁化现象存在 3 种情况,如表 2-19 所示。

表 2-19 物质在外磁场作用下的磁化现象

物质	磁性	现象[②]	结构特征	χ_M
顺磁性物质	顺磁	$H > H_0$	物质微粒中有未成对电子存在	>0

---

① 磁感应强度 B、外磁场强度 H_0、磁化强度 M 都是矢量,既有大小,也有方向。

② H 理解为物质内部的磁场强度。

续　表

物质	磁性	现象	结构特征	χ_M
逆磁性物质	逆磁	$H < H_0$	物质微粒中所有电子全部成对	< 0
铁磁性物质	顺磁	$H \gg H_0$	物质被磁化的强度随外磁场强度增大而急剧增大,微粒中单电子多	$\gg 0$

2. 物质磁化现象的微观成因

原子、分子或离子中电子的运动均可能产生一个既有大小又有方向的磁矩。外磁场中,构成物质微粒中的电子都会被感应出拉摩进动,相应产生一种与外磁场方向相反(逆磁)的诱导磁矩。如果物质中存在自旋未成对电子,其自旋运动则产生与外磁场方向相同(顺磁)的永久磁矩 μ_m。对于电子均已配对的物质,由于电子自旋所产生的磁矩是相互抵消的,只存在诱导磁矩,宏观上表现出逆磁性。对于含有未成对电子的物质,虽同时存在永久磁矩和诱导磁矩,但前者远较后者大,故宏观上只呈现出顺磁性。

3. 磁化率与微观结构间的关系

(1)物质的磁化率。

顺磁性物质中,同时存在着顺磁和逆磁性质,因此,此类物质的摩尔磁化率 χ_M 为摩尔顺磁化率 χ_μ 和摩尔逆磁化率 χ_0 两者之和,由于摩尔顺磁化率远大于摩尔逆磁化率,所以,对于顺磁性物质:

$$\chi_M = \chi_\mu + \chi_0 \approx \chi_\mu \tag{2-104}$$

对于逆磁性物质,没有顺磁性的存在,则 $\chi_M \approx \chi_0$,因此,如实验测得物质为逆磁性,可直接判定该物质中未成对电子数为零,即物质微粒中所有电子均已成对。摩尔逆磁化率可用作判定分子结构的依据。

(2)顺磁性物质微粒中的单电子数。

假定分子间无相互作用,摩尔顺磁化率 χ_μ 和永久磁矩 μ_m 之间的定量关系,可根据居里-朗之万(Curie-Langevin)公式得:

$$\chi_\mu = \frac{L\mu_0\mu_m^2}{3kT} = \frac{C}{T} \tag{2-105}$$

式中,L 为阿伏伽德罗常数;k 为玻尔兹曼常数;T 为热力学温度;C 为居里常数。因此,顺磁性物质的摩尔磁化率与 μ_m 间的关系为:

$$\chi_M = \frac{L\mu_0\mu_m^2}{3kT} + \chi_0 \approx \frac{L\mu_0\mu_m^2}{3kT} \tag{2-106}$$

物质的永久磁矩和它所包含未成对电子数 n 间的关系为:

$$\mu_m = \mu_B \sqrt{n(n+2)} \qquad (2\text{-}107)$$

式中，μ_m 为玻尔磁子，$\mu_B = \dfrac{eh}{4\pi n_e} = 9.274078 \times 10^{-24}\,\mathrm{A \cdot m^2}$。因此，只需实验测得 χ_M，代入式(2-106)可求得永久磁矩 μ_m，再经式(2-107)可计算出物质微粒中的单电子数。

4. 古埃磁天平的工作原理与物质磁化率的测定

古埃磁天平的工作原理如图 2-64 所示。将装有样品的圆柱形玻璃管按图示方式悬挂在两磁极中间，使样品的底部处于两极中心，即磁场强度 H_0 最强的区域。这样，样品管就处于不均匀的磁场中。一个小磁子在不均匀磁场中所受的力为磁矩和磁场强度梯度的积。

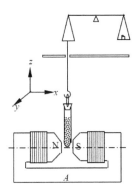

图 2-64　古埃磁天平原理

由于沿 z 轴方向存在一磁场强度梯度 $\dfrac{\partial H}{\partial z}$，故样品沿 z 方向受到磁力的作用，设样品管的截面积为 S，样品和样品管除重力外所受的力：

$$f_z = \frac{(\chi - \chi_{空气})\mu_0 H^2 S}{2} \qquad (2\text{-}108)$$

当样品受到磁场作用力时，设 Δm 为施加磁场和无磁场时的质量变化（$\Delta m = m_{有磁场} - m_{无磁场}$），则：

$$F = f_z = (\Delta m_{样品+空管} - \Delta m_{空管}) \qquad (2\text{-}109)$$

结合公式(2-103)(2-108)并整理后得：

$$\chi_M = \frac{2(\Delta m_{样品+空管} - \Delta m_{空管})}{\mu_0 m H_0^2} + \frac{M}{\rho}\chi_{空气} \qquad (2\text{-}110)$$

式中，h 为样品高度；m 为样品质量；g 为重力加速度；M 为样品的摩尔质量；H_0 为外磁场强度。

因样品管中空气含量少，常常将空气部分略去。上式可简化为：

$$\chi_M \approx \frac{2(\Delta m_{样品+空管} - \Delta m_{空管})ghM}{\mu_0 m H_0^2} \qquad (2\text{-}111)$$

外磁场强度 H_0 可用特斯拉计测量，或用已知磁化率的标准物质进行间接测量。本实验采用后者，用莫尔氏盐 $[(NH_4)_2SO_4 \cdot FeSO_4 \cdot 6H_2O]$ 作为标准物质，其与温度 T 的关系式为：

$$\chi_m = \frac{9500}{T+1} \times 4\pi \times 10^{-9} (m^3 \cdot kg^{-1})$$ (2-112)

另外也可不计算 H_0 的数值，而采用与标准样品相比较的方法。应用同一样品管且样品长度相等时，有：

$$\chi_{M_{sample}} = \chi_{M_{reference}} \frac{m_{reference}}{m_{sample}} \left(\frac{\Delta m_{sample+空管} - \Delta m_{空管}}{\Delta m_{reference+空管} - \Delta m_{空管}} \right) \frac{M_{sample}}{M_{reference}}$$ (2-113)

式中，$m_{reference}$、m_{sample} 分别为标准样品、待测样品的质量；$M_{reference}$、M_{sample} 分别为标准样品、待测样品的摩尔质量。

三、仪器与试剂

仪器：古埃磁天平 1 台，样品管 1 支。

试剂：莫尔氏盐 $[(NH_4)_2SO_4 \cdot FeSO_4 \cdot 6H_2O]$（分析纯），$FeSO_4 \cdot 7H_2O$（分析纯），$K_4Fe(CN)_6 \cdot 3H_2O$（分析纯）。

四、实验步骤

本实验的整体实施路线如图 2-65 所示。

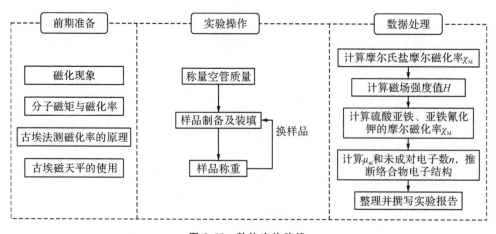

图 2-65　整体实施路线

1. 空管测量

（1）取清洁、干燥的空样品管，悬挂在古埃磁天平的挂钩上，样品管底部正好与磁极中心线齐平，在无励磁电流下称得质量。

(2)开通电源,由小至大调节励磁电流至 I_1、I_2、I_3,并且在这些电流下准确称得样品管质量。

(3)由大至小调节电流至 I_2、I_1,并且在这些电流下准确称得样品管质量。

(4)将励磁电流降至零,断开电源,再测一次样品管质量。

(5)重复上述(1)～(4)操作,并求取不同励磁电流样品管质量的平均值。

2.样品制备

(1)药品要尽量磨成粗细均匀的粉末。

(2)将样品通过小漏斗装入样品管,在装填时不断在样品管底部轻敲泡沫板,使样品粉末均匀填实,直到装填高度大于 12cm 为止,不同样品的装填高度必须相同。

3.称量

(1)按上述步骤 1 所述分别对莫尔氏盐、$FeSO_4 \cdot 7H_2O$ 和 $K_4Fe(CN)_6 \cdot 3H_2O$ 进行称量。

(2)测定完毕,将样品管中的样品倒入回收瓶,并尽可能将样品管倒干净。

(3)每组测定须用同一样品管。

五、数据处理

(1)根据式(2-112)求得莫尔氏盐质量磁化率 χ_m 和摩尔磁化率 χ_M,计算各励磁电流下的磁场强度值 H_0,根据测定数据,计算出硫酸亚铁、亚铁氰化钾的摩尔磁化率 χ_M。

(2)也可不求 H_0,直接用式(2-113)计算硫酸亚铁和亚铁氰化钾的摩尔磁化率 χ_M。

(3)根据求得的 χ_M 值,判断所测样品是顺磁性还是逆磁性。

(4)如样品为顺磁性,结合公式(2-106)(2-107)计算出所测样品的永久磁矩 μ_m 和未成对电子数 n。

(5)推断络合物离子(Fe^{2+})最外层的电子排布。

六、思考题

(1)在操作中若使用了含铁、镍的药匙或镊子,对结果有影响吗? 有什么影响?

(2)不同励磁电流下测得的样品摩尔磁化率是否相同? 如果测量结果不同应如何解释?

(3)磁化率测定的精密度与哪些因素有关?

七、参考文献

[1] 邱金恒,孙尔康,吴强.物理化学实验[M].北京:高等教育出版社,2010.

[2] 徐光宪,王祥云.物质结构[M].2版.北京:科学出版社,2010.

[3] 周公度,段连运.结构化学基础[M].5版.北京:北京大学出版社,2017.

[4] 孙文东,陆嘉星.物理化学实验[M].3版.北京:高等教育出版社,2014.

八、附录

1. 文献值

常用标准样品的磁化率如表 2-20 所示。

表 2-20　常用标准样品的摩尔磁化率

标准样品	摩尔磁化率 $\chi_M \times 10^{-9}/(m^3 \cdot mol^{-1})$
$FeSO_4 \cdot 7H_2O$	140.7
$K_4Fe(CN)_6 \cdot 3H_2O$	-2.165
莫尔氏盐	155.8

2. 古埃磁天平简介

古埃磁天平如图 2-66 所示。

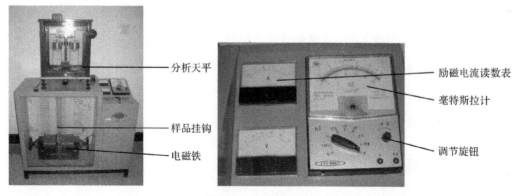

分析天平
样品挂钩
电磁铁
励磁电流读数表
毫特斯拉计
调节旋钮

图 2-66　古埃磁天平

操作步骤如下:

(1)检查两磁头间的距离,不应过宽,试管尽可能在两磁头间的正中。

(2)将电流调节器(多圈电位器)左旋至最小,再接通电源(此时电流应为零)。

（3）励磁电流的升降调节应平稳、缓慢，切忌粗暴操作。

（4）如需使用毫特斯拉计直接测量磁场强度，需将霍尔探头放至待测位置。如欲测定本实验中某一励磁电流下的磁场强度，先将探头放置在磁场的正中心，打开毫特斯拉计后，再稍微转动探头使读数值最大，此即为最佳测试位置。如果发现毫特斯拉计读数为负，只需将探头转动 $180°$ 即可。探头两边的有机玻璃螺丝用于固定探头位置。

3. 讨论与拓展

（1）摩尔逆磁化率的作用。

有机化合物中连接原子的价键，其电子对绝大多数是自旋反平行的，这些化合物的总自旋磁矩等于零，为逆磁性。帕斯卡（Pascal）测试并分析了大量有机化合物的实验数据，发现化合物的摩尔逆磁化率为其分子中所包含各个化学键磁化率之和，该结论可用于推断或验证化合物的结构。如饱和一元醇为逆磁性物质，测得其若干同系物的摩尔磁化率后，就可计算出亚甲基的磁化率，反过来也可推测饱和一元醇的亚甲基个数。

（2）磁化率的单位换算。

磁化率的单位习惯上采用 CGS 磁单位制，本实验中，已改为国际单位制（SI）。两单位制之间的换算须加注意。质量磁化率、摩尔磁化率的关系分别为：

$$1m^3 \cdot kg^{-1}（SI 单位）= 10^3/4\pi cm^3 \cdot g^{-1}（电磁制）$$
$$1m^3 \cdot mol^{-1}（SI 单位）= 10^6/4\pi cm^3 \cdot mol^{-1}（电磁制）$$

（3）络合物的结构。

通过测定物质的 χ_M，算得分子的未成对电子数，并推断出中央原子或离子的价电子排布，这些实验结果促进了络合物相关理论的发展。如同为二价的 Fe^{2+}，在与不同配体络合时，其单电子个数就可以为 0（如 $K_4Fe(CN)_6 \cdot 3H_2O$），也可以为 4，该现象可由价键理论（共价络合物、电价络合物）、晶体场理论、分子轨道理论和配位场理论等加以解释。不同的理论各有其优点与不足，有兴趣的读者可参阅相关文献。

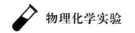

实验十九　X 射线衍射法测定晶胞常数——粉末法

一、实验目的

(1)掌握 X 射线粉末法测试晶体结构的基本原理。

(2)了解 X 射线衍射仪的简单结构及使用方法。

(3)测出 NaCl 或 NH$_4$Cl 晶体的点阵型式,并计算晶胞常数。

二、实验原理

1.晶体与晶面符号

晶体是由有序重复(周期性排列)的结构基元构成的,其结构可用三维点阵(由系列有序排列的阵点构成的图像)来描述。点阵中每个阵点的内容,也就是结构单元可以是原子、分子或原子团(离子团)。反映整个晶体结构的最小平行六面体单位称为晶胞。晶胞的边长 a、b、c 及它们之间的夹角 α、β、γ,称为晶胞常数。

晶体结构可以看作是由 3 个不共线的直线(一维)点阵组合而成的,也可看作是一些相同的平面网格(二维点阵或平面点阵,通常称为晶面)按相等的距离 d 平行排列而成的,这些平行晶面的集合称为晶面簇。显然,同一晶体中可以划分出无穷多个晶面间距 d 不等的晶面簇。

同一晶面簇中所有晶面中的阵点(结构基元)具有完全相同的周期排列,因此,标记这些晶面只需标明其在空间内的朝向,一般采用密勒(Miller)指数。该标记采用晶面在 3 个晶轴(晶胞的天然坐标轴 a、b、c)上截取晶胞长度个数的倒数的互质比来表示,因此,晶面符号(密勒指数)也由 3 位整数组成,记为 $(h^* k^* l^*)$[①],其含义表示晶面的法线在空间内的方向。图 2-67 显示了立方晶胞中几个主要晶面的密勒指数。

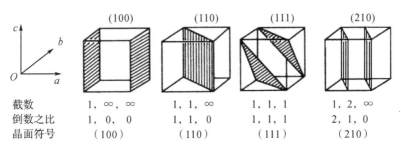

	(100)	(110)	(111)	(210)
截数	1, ∞, ∞	1, 1, ∞	1, 1, 1	1, 2, ∞
倒数之比	1, 0, 0	1, 1, 0	1, 1, 1	2, 1, 0
晶面符号	(100)	(110)	(111)	(210)

图 2-67　立方晶胞中晶面的密勒指数

2. 布拉格(Bragg)方程

当某一波长为 λ 的单色 X 射线入射到晶体上时,如将晶面看作反射面,当两相邻晶面反射的光程差为 λ 的 n(整数)倍时,才能相互叠加而产生衍射。如图 2-68 所示,两反射线的光程差 $\Delta = AB + BC = n\lambda$,而 $AB = BC = d\sin\theta$,可得:

$$2d_{h^*k^*l^*}\sin\theta_{hkl} = n\lambda \tag{2-114}$$

式中,$d_{h^*k^*l^*}$ 为相邻 $(h^*k^*l^*)$ 晶面的间距;θ 为该晶面与 X 入射射线的交角;(hkl) 为衍射指标,代表衍射线在空间的方向。式(2-114)即为布拉格方程,只有在满足该方程的 θ_{hkl} 方向上才会出现衍射。

由于布拉格方程是从劳埃(Laue)方程中推导得出的,要使方程成立还必须满足:

$$h = nh^* \quad k = nk^* \quad l = nl^* \tag{2-115①}$$

也就是衍射指标与晶面之间存在关联,如(336)、(224)、(112)衍射只能以(112)晶面作为反射面,且 n 值分别为 3、2、1。

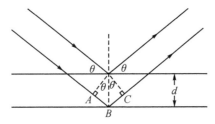

图 2-68　布拉格反射条件

3. 测试原理

对于粉末状或多晶样品(粒度在 $20 \sim 30\mu m$),试样中的晶粒呈完全无规则分布,不同晶面在各个方位上的取向概率相等,因而总会有许多小晶面正好处于适合衍射条件的位置上,也即同一晶体中满足布拉格方程的晶面簇不止一组,对应着不同的 θ,即

---

① 衍射指标 (hkl) 本质上是反映了 X 射线在坐标轴 a、b、c 3 个方向上光程差的倍数,因此,与晶面符号 $(h^*k^*l^*)$ 不同的是,h、k、l 这 3 个数值可以不为互质比,如可以是(224)、(336)等。

使是同一晶面簇,因 n 的不同,也会产生不同 θ 角的衍射。

当 X 射线衍射仪的计数管和测试样品绕试样中心轴转动时(试样转动 θ 角,计数管转动 2θ),就可以把满足布拉格方程的所有衍射记录下来。其中,衍射峰位置 2θ 与晶面间距 d 相关,而衍射强度(即峰高)与晶胞内原子(离子或分子)的种类、数目以及它们在晶胞中的位置相关。由于任意 2 种不同晶体的晶胞形状、大小和内含物总存在着差异,因此,每一种结晶物质都有自己独特的衍射图案[①],其特征用 2θ 和衍射线的相对强度(I/I_0)来表征,所以,2θ 和(I/I_0)可作为鉴别结晶物质物相分析的依据。

4. 晶胞长度的测定

由某一粉末晶体的 XRD(X 射线衍射)谱中,只能得到 2θ 和(I/I_0)等直观信息。若要获得诸如晶胞参数等晶体结构的进一步内容,则需要标注各衍射峰的衍射指标,该步骤即为衍射线的指标化。

以立方晶系($a=b=c$,$\alpha=\beta=\gamma=90°$)为例,由几何结晶学可推得晶胞长度 a、晶面间距 d 和晶面指标 h^*、k^*、l^* 间的关系为:

$$\frac{1}{d} = \sqrt{\frac{h^{*2} + k^{*2} + l^{*2}}{a^2}} \tag{2-116}$$

由布拉格方程[式(2-114)]得:

$$\frac{n}{d} = \frac{2\sin\theta}{\lambda} \tag{2-117}$$

结合式(2-116)(2-117)可得:

$$\frac{n}{d} = \sqrt{\frac{n^2 h^{*2} + n^2 k^{*2} + n^2 l^{*2}}{a^2}} = \sqrt{\frac{h^2 + k^2 + l^2}{d^2}} = \frac{2\sin\theta}{\lambda} \tag{2-118}$$

或:

$$\frac{h^2 + k^2 + l^2}{d^2} = \frac{4\sin^2\theta}{\lambda^2} \tag{2-119}$$

将衍射谱中各衍射峰的 $\sin^2\theta$ 值除以其中的最小值(第一峰),可得:

$$\begin{aligned}
&\frac{\sin^2\theta_1}{\sin^2\theta_1} : \frac{\sin^2\theta_2}{\sin^2\theta_1} : \frac{\sin^2\theta_3}{\sin^2\theta_1} \cdots \\
&= \sin^2\theta_1 : \sin^2\theta_2 : \sin^2\theta_3 \cdots \\
&= (h_1^2 + k_1^2 + l_1^2) : (h_2^2 + k_2^2 + l_2^2) : (h_3^2 + k_3^2 + l_3^2) \cdots
\end{aligned} \tag{2-120}$$

由于 h、k、l 均为整数,因此,各 $\sin^2\theta$ 的比值数列应为一整数列,如 $1:2:3:4:\cdots$。

在 X 射线衍射中,还存在着系统消光现象,也就是按布拉格方程本应出现的衍射

---

① 即使是化学式同为 TiO_2 的锐钛型和金红石型晶体,其衍射图案也完全不同。

线因晶胞点阵型式的不同导致散射线相互干扰而系统消失(不出现)的现象。系统消光条件如表 2-21 所示。

表 2-21 点阵型式与系统消光条件

点阵型式	消光条件
体心点阵(I)	$h+k+l=$ 奇数
面心点阵(F)	h、k、l 奇偶混杂*
底心点阵(C)	$h+k=$ 奇数
A 面侧心点阵(A)	$k+l=$ 奇数
B 面侧心点阵(B)	$h+l=$ 奇数
简单点阵(P)	无消光现象

注:"*"表示 0 作为偶数。

立方晶系中,存在着简单(P)、体心(I)和面心(F)等 3 种点阵型式。由表 2-21 可知,如对于面心晶胞,只有 h、k、l 全为偶数或全为奇数的衍射才会出现,而像(100)(110)等衍射因 h、k、l 奇偶混杂将不再出现。表 2-22 给出了立方晶系晶体衍射峰的出现规律,由此可见,对于该晶系的 3 种不同点阵型式,其 $\sin^2\theta_1 : \sin^2\theta_2 : \sin^2\theta_3\cdots$ 比值必将呈现出不同规律,即

立方 P:$1:2:3:4:5:6:8:9\cdots$(缺 7,15$\cdots$)

立方 I:$2:4:6:8:10:12:14:16:18\cdots=1:2:3:4:5:6:7:8:9\cdots$(不缺 7,15$\cdots$)

立方 F:$3:4:8:11:12:16:19:20\cdots$(双线,单线交替)

因此,只需从衍射谱中读取各衍射峰的 θ 值,计算 $\sin^2\theta_1 : \sin^2\theta_2 : \sin^2\theta_3\cdots$ 比值,与上述规律对照,即可确定立方晶系晶体的点阵型式。

表 2-22 立方点阵衍射指标规律

$h^2+k^2+l^2$	P	I	F	$h^2+k^2+l^2$	P	I	F
1	100			14	321	321	
2	110	110		15			
3	111		111	16	400	400	400
4	200	200	200	17	410,322		
5	210			18	411,330	411	
6	211	211		19	331		331
7				20	420	420	420
8	220	220	220	21	421		

续　表

$h^2+k^2+l^2$	P	I	F	$h^2+k^2+l^2$	P	I	F
9	300,221			22	332	332	
10	310	310		23			
11	311		311	24	422	422	422
12	222	222	222	25	500,430		
13	321			···			

　　综上所述,仍以立方晶系为例,测量晶体晶胞长度的步骤如下:从衍射谱中读取各衍射峰的 θ 值,计算 $\sin^2\theta_1$: $\sin^2\theta_2$: $\sin^2\theta_3$ ···数列比值,根据比值规律确定晶胞的点阵型式,再根据表 2-22 确定每条衍射线的衍射指标,而后通过布拉格方程计算晶面间距 d,最后依据式(2-116)求得晶胞长度 a。

　　如 $\sin^2\theta$ 比值规律不符合立方晶系 3 种点阵型式中的任意一种,则说明该晶体不属于立方晶系,需要用对称性较低的六方、四方等由高到低的晶系逐一来分析尝试确定。

三、仪器与试剂

仪器:Bruker D8 Advance X 射线衍射仪 1 台。
试剂:NaCl(化学纯),NH_4Cl(化学纯)。

四、实验步骤

本实验的整体实施路线如图 2-69 所示。

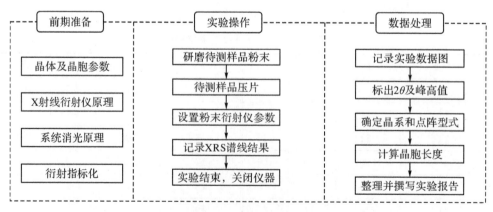

图 2-69　整体实施路线

　　(1)打开冷却水,使水压为 2.45×10^5 Pa(2.5kg/cm^2),然后开启 X 射线衍射仪总电源,开启高压,预热 30min。在计算机上打开 Commander 软件,进行仪器联网和参数初始化,在管压为 40kV、管流为 40mA(Cu 靶,扫描速度为 5°/min,扫描范围 2θ 由 20°~80°)时,用 $CuK\alpha$ 线($\lambda=1.5405\text{Å}$)进行摄谱。具体操作规则见该仪器说明书。

(2)把欲测样品于玛瑙研钵中研磨至粉末状,把研细的此样品倒入有机玻璃样品台中间凹槽中,至稍有堆起,在其上用盖玻片轻轻压平,使表面平整,并与样品台表面等高,然后将装载样品的样品台放于九位样品架的 1 号位置上。

(3)在 Commander 软件中输入样品架的位置号码"1",单击【load】按钮,样品台进入工作位置。检查起始角【start】为 20,【increment】为 0.02,【end】为 80,【scan speed】为 5°/min。单击【start】按钮开始摄谱,摄谱结束后保存的文件格式有 raw 和 txt 2 种。在样品架的位置号码输入"4",单击【load】按钮,1 号样品位置就被送出,将样品台取下。样品清理干净后,开始下一个衍射图谱的摄谱。

(4)实验完毕,按开启时的反程序复原,切断总电源。10min 后将水压降至 $9.8\times10^4\text{Pa}(1\text{kg/cm}^2)$(否则会损坏阴极),并关闭水源。最后取出样品架上的样品台,倒出凹槽中的样品。清理并整理实验室台面和地面。

五、数据处理

(1)标出 X 射线粉末衍射图中各衍射峰的 2θ 值及峰高值,由 2θ 值求出其 $\sin^2\theta$,并以最高的衍射峰为 $100(I_0)$,标出各衍射峰的相对衍射强度 I/I_0,把这些数值列表。

(2)算出各衍射峰的 $\sin^2\theta$ 值,把各衍射峰所对应的 $\sin^2\theta$ 都除以其中最小的 $\sin^2\theta$ 值,求得 $\sin^2\theta_1:\sin^2\theta_2:\sin^2\theta_3\cdots$ 的整数比值数列。

(3)与立方晶系 3 种点阵型式的 $\sin^2\theta$ 数列对比,确定样品所属的晶系和点阵型式。

(4)把各衍射峰指标化,求出其晶胞常数(取平均值)。

六、思考题

(1)多晶体衍射能否用含有多种波长的多色 X 射线?为什么?

(2)如果 NaCl 晶体中有少量 Na^+ 位置被 K^+ 所替代,那么其衍射图有何变化?如果 NaCl 晶体中混有 KCl 晶体,那么其衍射图又如何?

(3)用 XRD 测得晶胞长度后,通过晶胞体积的计算,可得知每个晶胞中内含物(原子、离子或分子)的个数 n,以立方晶系为例,试推导求算 n 的公式。

七、参考文献

[1] 邱金恒,孙尔康,吴强.物理化学实验[M].北京:高等教育出版社,2010.

[2] 周公度,段连运.结构化学基础[M].5 版.北京:北京大学出版社,2017.

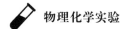

八、附录

1.文献值

各样品的晶系、点阵型式、晶胞参数如表 2-23 所示。

表 2-23 各样品的晶系、点阵型式、晶胞参数

样品	晶系	点阵型式	晶胞参数 $a/\text{Å}$
LiCl	立方	cF	5.14
NaCl	立方	cF	5.26
NH_4Cl	立方	cF、cP	6.53、3.88
KCl	立方	cF	6.29
CuBr	立方	cI	4.56
CsCl	立方	cP	4.12

2.讨论与拓展

(1)用于粉末衍射的样品,其粒度应在 $20\sim30\mu m$(相当于 $200\sim325$ 目)之间,以保证晶粒与入射线有机遇分布,否则衍射不连续。

(2)X 射线物相分析的优点如下:能直接分析样品物相,用量少,且不破坏原样品。其局限性是已知物的标准谱图有限,超出这范围的样品就难以鉴定。对于混合样品,一般某物相的含量低于 3% 时就不易鉴定出,特别是对于摩尔质量相差悬殊的混合物,因衍射能力的极大差异,有时甚至含量达 40% 亦鉴别不出。在混合相中物相太多的情况下,因衍射线重叠分不开,也会造成鉴定困难。此时在其他分析方法的配合下,应用一系列物理方法(如重力、磁力等)或化学方法把一部分物相分离出去,然后分别鉴定。所以 X 射线衍射物相分析是一种分析手段,但不是唯一最佳的手段,它还需与其他仪器和方法如化学分析、光谱分析等配合使用。

(3)要得到精确的晶胞常数,必须先得到精确的 θ 值,且尽量使用高 θ 角的衍射峰。由三角函数可知,θ 愈接近 $90°$ 时,$\sin\theta$ 的变化愈小。因此,在高 θ 值时,即使读数误差相对较大,亦可得到相当精确的 $\sin\theta$ 值。这也可以从误差分析来说明。

由布拉格方程:

$$\sin\theta = \frac{n\lambda}{2d} \tag{2-121}$$

微分得:

$$\cos\theta\Delta\theta = -\frac{n\lambda}{2d^2}\Delta d = -\frac{\sin\theta}{d}\Delta d \tag{2-122}$$

移项整理后得：

$$\frac{\Delta d}{d} = -\cot\theta\Delta\theta \tag{2-123}$$

对于立方晶系的粉末样 $a = d\sqrt{h^2+k^2+l^2}$，a 和 d 成正比，故

$$\frac{\Delta a}{a} = \frac{\Delta d}{d} = -\cot\theta\Delta\theta \tag{2-124}$$

以下列角度为例，如表 2-24 所示。

表 2-24 不同角度的 $\frac{\Delta d}{d}$ 值

$\theta/$度	20	40	50	60	70	75	80	82	85	90
$\frac{\Delta d}{d}/\%$	0.275	0.120	0.084	0.058	0.036	0.027	0.018	0.014	0.009	0

从表 2-24 中可以看出，随着 θ 角的增大，$\cot\theta$ 减小，当 $\theta=90°$时，$\cot\theta=0$。因此，使用高 θ 角的衍射峰可使误差减到最小。

另外，晶胞体积随温度升降而增减，因此当精确测定晶胞常数时，必须说明测试时的试样温度及可能有的温度误差范围。

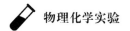

实验二十　光催化分解水制氢

一、实验目的

(1)了解光催化分解水制氢的基本原理。

(2)学习利用 X 射线衍射仪、紫外-可见吸收光谱仪、扫描电子显微镜和氮吸附仪等表征物质的基本结构。

(3)学习光催化分解水制氢反应的基本操作。

(4)掌握文献检索方法,学习系统分析实验结果和科技论文写作。

二、实验原理

利用太阳能分解水制氢是基础研究的前沿课题。它在能源和环境领域备受关注。该实验属于物理化学的光催化范畴,具有很强的综合性,囊括了无机制备化学、仪器分析、催化化学、半导体物理等多方面的专业知识。

半导体是一种介于导体和绝缘体之间的固体,其最高占据轨道(HOMO)相互作用形成价带(VB),最低未占据轨道(LUMO)相互作用形成导带(CB)。对于本征半导体,价带顶和导带底之间的带隙不存在电子状态,这种带隙称为禁带,其宽度称为禁带宽度(用 E_g 表示)。当以光子能量高于半导体禁带宽度的光照射半导体时,半导体的价带电子发生带间跃迁,从价带跃迁至导带,在导带产生电子(e),在价带生成空穴(h)。光生电子和空穴因库仑相互作用被束缚形成电子-空穴对,这种电子-空穴对根据其能量具有一定的氧化和还原能力。当电子迁移到光催化剂表面被捕获后,在适合的条件下会与相邻的介质发生还原反应,而空穴则会与相邻的介质发生氧化反应。基本原理如图 2-70 所示。

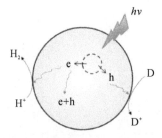

图 2-70　半导体催化剂光催化产氢原理

从热力学的角度考虑,理论上分解纯水的半导体的禁带宽度要大于 1.23eV。除此之外,实际上还有电子-空穴传输、反应活性位构建、反应物吸附、产物脱附等多方面的要求。半导体的导带和价带位置必须与水的还原及氧化电位相匹配。构成半导体导带的最上层能级必须比水的还原电位 $[\varphi^{\ominus}(H^{+}/H_{2})=0.00V$,标准氢电极$]$ 更负,而构成半导体价带的最下层能级必须比水的氧化电位 $[\varphi^{\ominus}(O_{2}/H^{+},H_{2}O)=+1.23V]$ 更正,这样电子和空穴才具有足够的能力进行还原和氧化水的反应。

石墨型氮化碳$(g-C_3N_4)$是一种以三嗪环为基本结构单元的层状化合物,氮和碳交替排列,化学性质稳定。它的价带由 N_{2p} 轨道组成,导带由 C_{2p} 轨道组成,带隙宽度约为 2.7eV,可吸收可见光;导带底大约为 -1.4eV,价带顶为 +1.3eV,在热力学上满足分解水的要求。

三、仪器与试剂

仪器:马弗炉1台,光催化反应装置1套,X射线衍射仪1台,紫外-可见吸收光谱仪1台,扫描电子显微镜1台,氮比表面吸附仪1套。

试剂:三聚氰胺(分析纯),氯铂酸(分析纯),乙醇(分析纯)。

四、实验步骤

本实验的整体实施路线如图 2-71 所示。

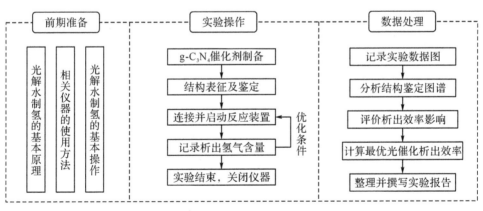

图 2-71　整体实施路线

1.催化剂制备

分别称取一定量三聚氰胺于2个坩埚中,将坩埚盖密闭后放置于马弗炉中[①],以

---

① 三聚氰胺在升温过程中易升华,应注意容器的密闭。

10℃/min 的升温速率分别升温至 500℃和 650℃并保持 30min,自然冷却至室温,即制得 g-C$_3$N$_4$,样品分别记为 C$_3$N$_4$-500 和 C$_3$N$_4$-650。

2.催化剂表征

X 射线粉末衍射(XRD)采用 Bruker D8 Advance 型 X 射线衍射仪测定。采用 Cu Kα1射线源,λ=0.15406nm,工作电流为 40mA,加速电压为 40kV,扫描角度范围为 10°~80°,扫描速度为每分钟 5°。

紫外-可见吸收光谱在 Lambda 750 紫外-可见吸收光谱仪上进行,配备固体样品表征的积分球装置。采集速度为 100nm/min,采集步长为 5nm。

SEM 测试在 S-4800 冷场发射扫描电子显微镜上进行。

样品的比表面积(BET)在全自动氮吸附仪 Tristar Ⅱ 3020 上进行测定。样品在 100℃进行真空脱气处理 3h,采用氮气吸附法于 77K 下测定。比表面积的计算采用 BET 方程。

3.光催化反应评价

(1)反应装置介绍。

光催化反应装置如图 2-72 所示。该反应装置由光源、反应器、气体循环取样系统和在线色谱组成,并配有真空泵和循环冷却等辅助设备。

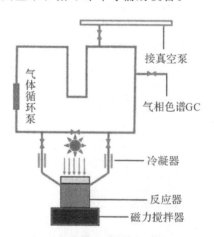

图 2-72　光催化反应装置示意图

反应光源为氙灯,氙灯功率为 300W,工作电压为 100V,电流为 20A。通过加入滤光片(λ＞420nm),可使波长大于 420nm 的光进入反应器中。

反应器为顶照式派瑞克斯玻璃反应器,体积大约为 500mL。反应器采用盛有水的红外过滤器过滤掉氙灯产生的红外光,屏蔽红外光产生的热量效应,且可使波长大于 300nm 的紫外和可见光通过。反应器底部配有循环冷却水套,使光催化反应在

$13\sim18^\circ\!C$下进行。

氢气的检测采用GC-7920型气相色谱仪,载气为氩气,色谱柱为5A分子筛填充柱。该色谱仪配备热导(TCD)检测器,可用来检测氢气的含量,热导检测器工作池电流为60mA。

(2)操作步骤。[①]

进行反应前,将反应溶液、光催化剂及助剂前驱物加入反应器中,采用超声及磁力搅拌将催化剂高度分散在反应液中。然后将反应器和气体循环取样系统连接,对系统进行真空处理,除去系统中的空气。接着采用氙灯光照[②],进行光催化制氢反应。反应产生的气体采用在线气相色谱仪检测。

光解反应中g-C_3N_4催化剂的用量为0.1g,100mL反应液中加入20%(体积分数)乙醇,乙醇起到稀释试剂的作用,可以消耗半导体在光激发下所产生的空穴,使电子有更长的寿命用于产氢。反应液中加入恒量的氯铂酸溶液,其用量(以Pt计)为催化剂用量的0.1%(质量分数),即1×10^{-5}g;氯铂酸在光催化反应中被半导体受光激发所产生的电子原位还原成Pt,Pt在反应中起到助催化剂的作用,一方面是产氢的主要活性位,另一方面Pt可以有效地捕获电子,这一过程可以进一步提高电子-空穴的分离效率。

五、数据处理

(1)给出XRD谱图,并说明从谱图中可以得到何种结果与结论。

(2)给出C_3N_4-500和C_3N_4-650样品的SEM照片,比较2种样品的形貌差异。

(3)通过氮吸附实验,计算C_3N_4-500和C_3N_4-650 2种样品的比表面积。

(4)给出UV-Vis结果,并对谱图进行分析。

(5)以产氢量(μmol)对时间(h)作图,对2种样品的产氢规律进行定性描述,并定量计算产氢速率。

(6)综合上述实验结果,分析导致2种样品光催化性能差异的原因。

六、思考题

(1)除焙烧以外还有哪些制备方法可以制备g-C_3N_4催化剂?

(2)制备具有不同孔道结构的g-C_3N_4催化剂,提高其比表面积,其对催化性能的影响原因是什么?

(3)催化剂的用量、助催化剂的种类和数量等如何影响光催化性能?

---

① 实验应配备专用遮光护目镜,氙灯点亮后,任何与反应有关的操作均需佩戴护目镜,以免灼伤眼睛。
② 应采用铝箔遮挡氙灯和反应器,避免光散射。

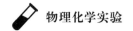
七、参考文献

[1] FUJISHIMA A,HONDA K. Electrochemical photolysis of water at a semi-conductor electrode[J]. Nature,1972,238:37-38.

[2] KUDO A,MISEKI Y. Heterogeneous photocatalyst materials for water splitting[J]. Chemical Society Review,2009,38(1):253-278.

[3] CHEN X B,SHEN S H,GUO L J,et al. Semiconductorbased photocatalytic hydrogen generation[J]. Chemical Reviews,2010,110(11):6503-6570.

[4] ZHANG J,XU Q,FENG Z C,et al. Importance of the relationship between surface area phases and photocatalytic activity of TiO2[J]. Angewandte Chemie, 2008,47(9):1766-1769.

[5] WANG D A,HISATOMI T,TAKATA T,et al. Core/Shell photocatalyst with spatially-separated cocatalysts for efficient water reduction and oxidation[J]. Angewandte Chemie,2013,52(43):11252-11256.

八、附录：数据处理参考

1. XRD 结果表征

由图 2-73 的 XRD 谱图可见，C_3N_4-500 和 C_3N_4-650 样品在 13.1°和 27.3°附近出现 2 个较为明显的衍射信号，可归属为芳环系列的层间堆叠结构的衍射信号，表明 2 个样品中存在明显的石墨层状结构。其中 27.3°对应于石墨相材料的(002)面，计算获得的层间距约为 0.32nm。C_3N_4-650 衍射峰的强度较 C_3N_4-500 略有增加，表明高温制备的样品晶化程度略有提高。

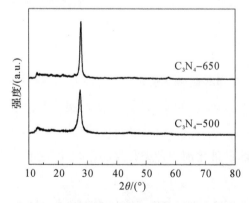

图 2-73 不同焙烧温度制备样品的 XRD 谱图

2. 形貌表征

(1)图 2-74 为 C_3N_4-500 和 C_3N_4-650 样品的 SEM 照片。由图可知,2 个样品的形貌基本相同。

(2)通过氮吸附实验得,C_3N_4-500 和 C_3N_4-650 的比表面积分别为 7.6m² · g⁻¹ 和 39.5m² · g⁻¹。

图 2-74　不同焙烧温度制备样品的 SEM 照片

(3)图 2-75 为不同焙烧温度制备样品的 UV-Vis 谱图。由图可知,C_3N_4-500 样品在 460nm 附近有一个较为陡峭的吸收带边,对应样品的带隙宽度约为 2.7eV;而 C_3N_4-650 样品中,存在明显的缺陷吸收信号,位于 500nm 左右,这很可能是在较高的制备温度下,C_3N_4 的聚合结构发生一定程度的破坏,形成一定量缺陷所导致的。

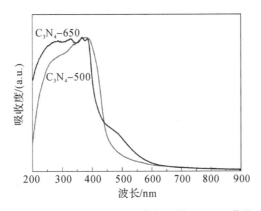

图 2-75　不同焙烧温度制备样品的 UV-Vis 谱图

3. 光催化性能评价

利用光催化系统测试 C_3N_4-500 和 C_3N_4-650 样品的光催化性能,产氢量与时间的关系如图 2-76 所示。由图可知,2 个催化剂上的产氢量随着反应时间的增加而增加,

且 C_3N_4-500 的产氢活性明显高于 C_3N_4-650，前者的产氢速率约为 $6.7\,\mu mol \cdot h^{-1}$。2 个催化剂活性上的差异很可能与其本身的缺陷数量有关。由 UV-Vis 结果可知，C_3N_4-650 中缺陷数量较多，这些缺陷是电子-空穴的复合中心，光生电荷迁移过程中在这里发生猝灭，无法参与催化过程。而 C_3N_4-500 缺陷数量少，更多的光生电子迁移到催化剂表面，参与到氢还原过程中，实现相对较高的产氢速率。

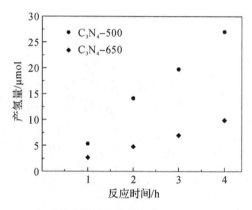

图 2-76 不同焙烧温度制备样品的可见光催化制氢性能

第三部分　物理化学实验常用数据表

表 3-1　水在不同温度下的密度

温度/℃	密度/(g/cm³)	温度/℃	密度/(g/cm³)	温度/℃	密度/(g/cm³)
0	0.99984	30	0.995646	64	0.98109
2	0.99994	32	0.99503	68	0.97890
4	0.99997	34	0.99437	70	0.97777
5	0.999965	35	0.99403	72	0.97661
6	0.99994	36	0.99369	74	0.97544
8	0.99985	38	0.99297	76	0.97424
10	0.999700	40	0.99222	78	0.97303
12	0.99950	42	0.99144	80	0.97179
14	0.99924	44	0.99063	82	0.97053
15	0.999099	46	0.98979	84	0.96926
16	0.99894	48	0.98893	86	0.96796
18	0.99860	50	0.98804	88	0.96665
20	0.998203	52	0.98712	90	0.96531
22	0.99777	54	0.98618	92	0.96396
24	0.99730	56	0.98521	94	0.96259
25	0.997044	58	0.98422	96	0.96120
26	0.99678	60	0.98320	98	0.95979
28	0.99623	62	0.98216	100	0.95836

表 3-2　常用参比电极电势及温度系数

名称	体系	标准电极电势 $\varphi^{\ominus}$/V	温度系数 $\mathrm{d}\varphi^{\ominus}/\mathrm{d}t$(mV/K)
氢电极	$Pt,H_2\mid H^+(a_H^+=1)$	0.0000	
饱和甘汞电极	$Hg,Hg_2Cl_2\mid$饱和 KCl	0.2415	-0.761
标准甘汞电极	$Hg,Hg_2Cl_2\mid 1mol\cdot L^{-1}KCl$	0.2800	-0.275
0.1M 甘汞电极	$Hg,Hg_2Cl_2\mid 0.1mol\cdot L^{-1}KCl$	0.3337	-0.875
Ag/AgCl 电极	$Ag,AgCl\mid 0.1mol\cdot L^{-1}KCl$	0.290	-0.3
HgO 电极	$Hg,HgO\mid 0.1mol\cdot L^{-1}KOH$	0.165	
Hg_2SO_4 电极	$Hg,Hg_2SO_4\mid 1mol\cdot L^{-1}H_2SO_4$	0.6758	
$CuSO_4$ 电极	$Cu\mid$饱和 $CuSO_4$	0.316	-0.7

注:25℃;相对于标准氢电极(NHE)。

液体的蒸气压与温度之间常常满足安托因(Antoine)经验公式:

$$\lg p = A - \frac{B}{t+C} \tag{3-1}$$

式中,p 为蒸气压,单位为 mmHg;t 为摄氏温度。

常见液体的 A、B、C 值如表 3-3 所示。

表 3-3　常见液体的饱和蒸气压

名称	化学式	适用温度范围/℃	A	B	C
甲醇	CH_3OH	$-14\sim65$	7.89750	1474.08	229.13
乙醇	C_2H_5OH	$-2\sim100$	8.32109	1718.10	237.52
异丙醇	C_3H_8O	$0\sim101$	8.11778	1580.92	219.61
乙二醇	$(CH_2OH)_2$	$50\sim200$	8.0908	2088.9	203.5
丙酮	C_3H_6O	liq.	7.11714	1210.595	229.664
乙酸	CH_3COOH	liq.	7.38782	1533.313	222.309
乙酸乙酯	$CH_3COOC_2H_5$	$15\sim76$	7.10179	1244.95	217.88
四氯化碳	CCl_4		6.87926	1212.021	226.41
氯仿	$CHCl_3$	$-35\sim61$	6.4934	929.44	196.03
二氯甲烷	CH_2Cl_2	$-40\sim40$	7.4092	1325.9	252.6
1,2-二氯乙烷	CH_2ClCH_2Cl	$-31\sim99$	7.0253	1271.3	222.9
环己烷	C_6H_{12}	$20\sim81$	6.84130	1201.53	222.65
苯	C_6H_6	$-12\sim3$ $8\sim103$	9.1064 6.90565	1885.9 1211.033	244.2 220.790

名称	化学式	适用温度范围/℃	A	B	C
甲苯	$C_6H_5CH_3$	$6\sim137$	6.95464	1344.80	219.48
苯胺	$C_6H_5NH_2$	$102\sim185$	7.32010	1731.515	206.049

表 3-4　标准电极电势及其温度系数

电极还原反应	标准电极电势 $\varphi^{\ominus}/V$	温度系数 $d\varphi^{\ominus}/dt(mV/K)$
$Ag^+ + e^- = Ag$	$+0.7991$	-1.000
$AgCl + e^- = Ag + Cl^-$	$+0.2224$	-0.658
$AgI + e^- = Ag + I^-$	-0.151	-0.248
$Ag(NH_3)_2^+ + e^- = Ag + 2NH_3$	$+0.373$	-0.460
$Cl_2 + 2e^- = 2Cl^-$	$+1.3595$	-1.260
$2HClO(aq) + 2H^+ + 2e^- = Cl_2(g) + 2H_2O$	$+1.63$	-0.14
$Cr_2O_7^{2-} + 14H^+ + 6e^- = 2Cr^{3+} + 7H_2O$	$+1.33$	-1.263
$HCrO_4^- + 7H^+ + 3e^- = Cr_3^+ + 4H_2O$	$+1.2$	
$Cu^+ + e^- = Cu$	$+0.521$	-0.058
$Cu^{2+} + 2e^- = Cu$	$+0.337$	$+0.008$
$Cu^{2+} + e^- = Cu^+$	$+0.153$	$+0.073$
$Fe^{2+} + 2e^- = Fe$	-0.440	$+0.052$
$Fe(OH)_2 + 2e^- = Fe + 2OH^-$	-0.877	-1.06
$Fe^{3+} + e^- = Fe^{2+}$	$+0.771$	$+1.188$
$Fe(OH)_3 + e^- = Fe(OH)_2 + OH^-$	-0.56	-0.96
$2H^+ + 2e^- = H_2(g)$	0.0000	0
$2H^+ + 2e^- = H_2(aq,sat)$	$+0.0004$	$+0.033$
$Hg_2^{2+} + 2e^- = 2Hg$	$+0.792$	
$Hg_2Cl_2 + 2e^- = 2Hg^+ + 2Cl^-$	$+0.2676$	-0.317
$HgS + 2e^- = Hg + S^{2-}$	-0.69	-0.79
$HgI_4^{2-} + 2e^- = Hg + 4I^-$	-0.038	$+0.04$
$Li^+ + e^- = Li$	-3.045	-0.534
$Na^+ + e^- = Na$	-2.714	-0.772
$Ni^{2+} + 2e^- = Ni$	-0.250	$+0.06$
$O_2(g) + 2H^+ + 2e^- = H_2O_2(aq)$	$+0.682$	-1.033
$O_2(g) + 4H^+ + 4e^- = 2H_2O$	$+1.229$	-0.846

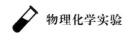

续　表

电极还原反应	标准电极电势 $\varphi^{\ominus}$/V	温度系数 $d\varphi^{\ominus}/dt$(mV/K)
$O_2(g)+2H_2O+4e^-=4OH^-$	$+0.401$	-1.680
$H_2O_2(aq)+2H^++2e^-=2H_2O+O_2$	$+1.77$	-0.658
$2H_2O+2e^-=H_2+2OH^-$	-0.8281	-0.8342
$Pb^{2+}+2e^-=Pb$	-0.126	-0.451
$PbO_2+H_2O+2e^-=PbO(red)+2OH^-$	$+0.248$	-1.194
$PbO_2+SO_4+4H^++2e^-=PbSO_4+2H_2O$	$+1.685$	-0.326
$S+2H^++2e^-=H_2S(aq)$	$+0.141$	-0.209
$Sn^{2+}+2e^-=Sn(white)$	-0.136	-0.282
$Sn^{4+}+2e^-=Sn^{2+}$	$+0.15$	
$Zn^{2+}+2e^-=Zn$	-0.7628	$+0.091$
$Zn(OH)_2+2e^-=Zn+2OH^-$	-1.245	-1.002

表 3-5　不同温度下饱和甘汞电极(SCE)的电势

温度/℃	电极电势 φ/V	温度/℃	电极电势 φ/V
0	0.2568	40	0.2307
10	0.2507	50	0.2233
20	0.2444	60	0.2154
25	0.2412	70	0.2071
30	0.2378		

表 3-6　几种常见甘汞电极电势与温度的关系

甘汞电极类型	电极电势 φ/V
SCE	$0.2412-6.16\times10^{-4}(t-25)-1.75\times10^{-6}(t-25)^2-9\times10^{-10}(t-25)^3$
NCE	$0.2801-2.75\times10^{-4}(t-25)-2.50\times10^{-6}(t-25)^2-4\times10^{-9}(t-25)^3$
0.1NCE	$0.3337-8.75\times10^{-5}(t-25)-3\times10^{-6}(t-25)^2$

注:SCE 为饱和甘汞电极;NCE 为标准甘汞电极;0.1NCE 为 0.1mol/L 甘汞电极;相对于标准氢电极(NHE)。

表 3-7　常见电解质水溶液(25℃)的摩尔电导率

$\dfrac{c}{mol \cdot dm^{-3}}$	$\Lambda_m/(10^{-4}m^2 \cdot S \cdot mol^{-1})$							
	1/2CuSO$_4$	HCl	KCl	NaCl	NaOH	NaAc	1/2ZnSO$_4$	AgNO$_3$
0.1	50.55	391.13	128.90	106.69	—	72.76	52.61	109.09
0.05	59.02	398.89	133.30	111.01	—	76.88	61.17	115.18

续　表

c / mol·dm^{-3}	Λ_m/(10^{-4} m^2·S·mol^{-1})							
	1/2CuSO$_4$	HCl	KCl	NaCl	NaOH	NaAc	1/2ZnSO$_4$	AgNO$_3$
0.02	72.16	407.04	138.27	115.70	—	81.20	74.20	121.35
0.01	83.08	411.80	141.20	118.45	237.9	83.72	84.87	124.70
0.005	94.02	415.59	143.48	120.59	240.7	85.68	95.44	127.14
0.001	115.20	421.15	146.88	123.68	244.6	88.5	114.47	130.45
0.0005	121.6	422.53	147.74	124.44	245.5	89.2	121.3	131.29
无限稀	133.6	425.95	149.79	126.39	247.7	91.0	132.7	133.29

表 3-8　一些电解质在不同质量摩尔浓度时的平均离子活度因子 $\gamma_\pm$

物质	b/(mol·kg^{-1})								
	0.001	0.005	0.01	0.05	0.10	0.50	1.0	2.0	4.0
HCl	0.965	0.928	0.904	0.830	0.796	0.757	0.809	1.009	1.762
NaCl	0.966	0.929	0.904	0.823	0.778	0.682	0.658	0.671	0.783
KCl	0.965	0.927	0.901	0.815	0.769	0.650	0.605	0.575	0.582
HNO$_3$	0.965	0.927	0.902	0.823	0.785	0.715	0.720	0.783	0.982
NaOH	0.965	0.927	0.899	0.818	0.766	0.693	0.679	0.700	0.890
CaCl$_2$	0.887	0.783	0.724	0.574	0.518	0.448	0.500	0.792	2.934
H$_2$SO$_4$	0.830	0.639	0.544	0.340	0.265	0.154	0.130	0.124	0.171
BaCl$_2$	0.88	0.77	0.72	0.56	0.49	0.39	0.393		
CuSO$_4$	0.74	0.53	0.41	0.21	0.16	0.068	0.047		
ZnSO$_4$	0.734	0.477	0.387	0.202	0.148	0.063	0.043	0.035	

表 3-9　水溶液中离子的极限摩尔电导率 λ_m^∞

单位:S·cm^2·mol^{-1}

离子	t/℃			
	0	18	25	50
H$^+$	225.0	315.0	349.8	464
K$^+$	40.7	63.9	73.5	114
Na$^+$	26.5	42.8	50.1	82
NH$_4^+$	40.2	63.9	73.5	115
Ag$^+$	33.1	53.5	61.9	101
$\frac{1}{2}$Ba^{2+}	34.0	54.6	63.6	104

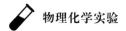

离子	$t/℃$			
	0	18	25	50
$\frac{1}{2}Ca^{2+}$	31.2	50.7	59.8	96.2
OH^-	105.0	171.0	198.3	284.0
Cl^-	41.0	66.0	76.3	116.0
NO_3^-	40.0	62.3	71.5	104.0
CH_3COO^-	20.0	32.5	40.9	67.0
$\frac{1}{2}SO_4^{2-}$	41.0	68.4	80.0	125.0
$\frac{1}{4}[Fe(CN)_6]^{4-}$	58.0	95.0	110.5	173.0

第四部分 物理化学实验练习题

1. 实验室内因用电不符合规定而引起导线及电器着火,此时应迅速 （ ）

A. 首先切断电源,之后用任意一种灭火器灭火

B. 切断电源后,用泡沫灭火器灭火

C. 切断电源后,用水灭火

D. 切断电源后,用 CO_2 灭火器灭火

2. 实验室中,某仪器电源插头有 3 只脚,则该仪器所使用的交流电源为 （ ）

A. 单相　　　　　　　　　　　B. 两相

C. 三相　　　　　　　　　　　D. 两相加地线

3. 氧气减压器与钢瓶的连接口为防止漏气,应 （ ）

A. 涂上凡士林　　　　　　　　B. 垫上麻绳或棉纱

C. 封上石蜡　　　　　　　　　D. 上述措施都不对

4. 实验室常用的气体钢瓶颜色分别是 （ ）

A. N_2 瓶蓝色,H_2 瓶黑色,O_2 瓶绿色

B. N_2 瓶黑色,H_2 瓶绿色,O_2 瓶蓝色

C. N_2 瓶绿色,H_2 瓶黑色,O_2 瓶蓝色

D. N_2 瓶黑色,H_2 瓶蓝色,O_2 瓶绿色

5. 开启气体钢瓶的操作顺序是 （ ）

①顺时针旋紧减压器旋杆;②逆时针旋松减压旋杆;③观测低压表读数;④观测高压表读数;⑤开启高压气阀

　　A. ⑤—④—③—①　　　　　　B. ②—⑤—④—①—③

　　C. ①—⑤—④—②—③　　　　D. ②—⑤—①

6. 在 20℃室温和大气压力下,用凝固点降低法测摩尔质量,若所用的纯溶剂是苯,其正常凝固点为 5.5℃,为使冷却过程在比较接近平衡的情况下进行,作为寒剂的恒温介质浴比较合适的是 （ ）

A. 冰-水 　　　　　　　　　　　B. 冰-盐水

C. 干冰-丙酮 　　　　　　　　　D. 液氮

7. 恒温槽中的水银接点温度计的作用是 　　　　　　　　　　　　　（　　　）

A. 既作测温使用，又作控温使用 　　　B. 只能用于控温

C. 只能用于测温 　　　　　　　　　　D. 控制搅拌器电动机的功率

8. 贝克曼温度计用来 　　　　　　　　　　　　　　　　　　　　　（　　　）

A. 测定绝对温度 　　　　　　　　　　B. 测定相对温度

C. 控制恒温槽温度 　　　　　　　　　D. 测定 5℃以内的温度差

9. 用全浸式温度计进行测温的实验中，为校正测量误差，措施之一是进行露茎校正，$\Delta T(露茎)=K \cdot n[t(观)-t(环)]$，式中 n 是露茎高度，它是指露于被测物之外的

（　　　）

A. 以厘米表示的水银柱高度 　　　　　B. 以温度差值表示的水银柱高度

C. 以毫米表示的水银柱高度 　　　　　D. 环境温度的读数

10. 对恒温槽控温过程的描述，有下列 4 种说法：①接触温度计两引出线导通，加热器加热；②接触温度计两引出线导通，加热器不加热；③接触温度计两引出线断开，加热器加热；④接触温度计两引出线断开，加热器不加热。正确的是 （　　　）

A. ①和③　　　　B. ①和④　　　　C. ②和③　　　　D. ②和④

11. 某恒温槽的灵敏度曲线如图 4-1 所示。对于该恒温槽的性能，下面描述正确的是 （　　　）

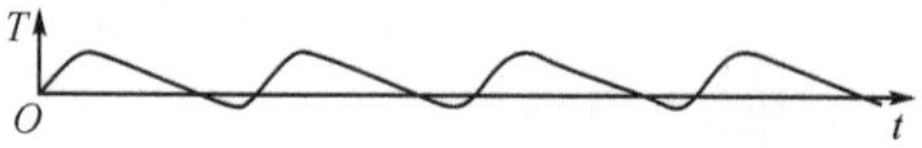

图 4-1　某恒温槽的灵敏度曲线

A. 恒温槽各部件配置合理 　　　　　　B. 恒温槽散热太快

C. 加热功率过大 　　　　　　　　　　D. 搅拌器的搅拌效果不好

12. 欲装配一个恒温性能良好的恒温槽，需要一些必要的仪器，但不包括 （　　　）

A. 温度计 　　　　　　　　　　　　　B. 接触温度计

C. 贝克曼温度计 　　　　　　　　　　D. 温度控制器

13. 氧弹式量热计的基本原理是 　　　　　　　　　　　　　　　　（　　　）

A. 能量守恒定律 　　　　　　　　　　B. 质量作用定律

C. 基尔霍夫定律 　　　　　　　　　　D. 以上定律都适用

14. 在用氧弹式量热计测定苯甲酸燃烧热的实验中不正确的操作是 （　　　）

A. 在氧弹充入氧气后必须检查气密性

B. 量热桶内的水要迅速搅拌，以加速传热

C.测水当量和有机物燃烧热时,一切条件应完全一样

D.时间安排要紧凑,主期时间越短越好,以减少体系与周围介质发生的热交换

15.在测定萘的燃烧热实验中,先用苯甲酸对氧弹量热计进行标定,其目的是
（　　）

A.确定量热计的水当量　　　　　　　B.测定苯甲酸的燃烧热

C.减少萘燃烧时与环境的热交换　　　D.确定萘燃烧时温度的增加值

16.在燃烧热的测定实验中,固体样品压成片状,目的是　　　（　　）

A.便于将试样装入坩埚　　　　　　　B.防止轻、细样品飞溅

C.便于快速燃烧　　　　　　　　　　D.便于连接燃烧丝

17.关于氧弹的性能,下列说法不正确的是　　　　　　　（　　）

A.氧弹必须要耐高压　　　　　　　　B.氧弹的密封性要好

C.氧弹要具备一定的抗腐蚀性　　　　D.氧弹的绝热性能要好

18.萘在氧弹内燃烧结束后,不会对测量结果产生影响的情况是　　（　　）

A.氧弹内有大量水蒸气　　　　　　　B.氧弹内壁有黑色残余物

C.氧弹内有未燃烧的点火丝　　　　　D.氧弹内出现了硝酸酸雾

19.实验过程中,点火 1min 后,实验温度数据没有上升,正确的操作方法是
（　　）

A.停止实验,检查原因

B.重新点火进行实验

C.继续实验

D.将氧弹取出检查是否短路,如果没有短路再将氧弹放入内筒重新实验

20.在燃烧热实验中,需用作图法求取反应前后真实的温度改变值 ΔT,主要是
因为　　　　　　　　　　　　　　　　　　　　　　　　　　　（　　）

A.温度变化太快,无法准确读取

B.校正体系和环境热交换的影响

C.消除由于略去有酸形成放出的热而引入的误差

D.氧弹计绝热,必须校正所测温度值

21.在燃烧热测定实验中,若标准样品燃烧不完全,将会导致　　　（　　）

A.测定的萘的燃烧热偏低　　　　　　B.测定的水当量偏低

C.不影响结果　　　　　　　　　　　D.测定的水当量偏高

22.在燃烧热测定实验中,水当量的含义是表示系统的　　　　　（　　）

A.熵的变化　　　　　　　　　　　　B.比定容热容

C.比定压热容　　　　　　　　　　　D.水的质量

23.某物质燃烧反应的温差校正如图 4-2 所示,则表示由于样品燃烧使量热计温度升高的数值的线段是 （ ）

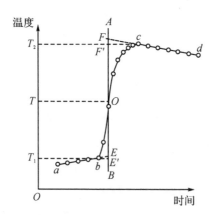

图 4-2　某物质燃烧反应的温差校正图

A. EF′　　　　B. EF　　　　C. E′F　　　　D. EF′

24.为减少测量燃烧焓的实验误差,下列说法不正确的是 （ ）

A.确保样品在氧弹内完全燃烧

B.样品需要精确称量

C.在标定量热计热容和测定未知样品燃烧焓的前后 2 次实验中,内筒的盛水量应保持一致

D.氧弹内的充氧量越多越好

25.在燃烧焓测定的实验中,测得 0.5678g 苯甲酸完全燃烧后上升的温度 $\Delta T_1 =$ 1.026K;在同样条件下,测得 0.4894g 萘完全燃烧后上升的温度 $\Delta T_2 = 1.345$K。已知苯甲酸的定容热 $Q_v = -26460$J·g^{-1}。若忽略点火丝燃烧所放出的热量,则萘燃烧反应的定容热为 （ ）

A. -40250J·g^{-1}　　　　　　B. -5152J·g^{-1}

C. -38470J·g^{-1}　　　　　　D. -28630J·g^{-1}

26.在动态法测定水的饱和蒸气压实验中,实验温度在 80～100℃之间,则所测得的汽化焓数据是 （ ）

A.水在 80℃时的汽化焓　　　　B.水在 100℃时的汽化焓

C.该数值与温度无关　　　　　　D.实验温度范围内汽化焓的平均值

27.通过测定液体饱和蒸气压求算摩尔汽化焓,所依据的是克劳修斯-克拉贝龙方程,它是克拉贝龙方程的进一步推演,在推导过程中引入 3 点假设,下列不属于此假设内容的是 （ ）

A.蒸气的摩尔体积 V(g)远大于液体的摩尔体积 V(l)

B. 蒸气视为理想气体

C. $\Delta_{vap}H_m$ 视为与温度无关

D. 液体的沸点低于 100℃

28. 在测定液体饱和蒸气压实验中,在升温放气时由于操作不慎,使放气量稍大一点,出现了 C 液面低于 B 液面的情况(见图 4-3),但空气尚未进入 AB 之间的管内。有下列 4 种解决办法:①使温度少许升高,再调整 BC 两液面平齐;②用泵进行少许抽气,使 C 液面高过 B 液面后停止抽气,再调整 BC 两液面平齐;③摇晃等压计,使样品池 A 中的液体溅入等压计内,再调整 BC 两液面平齐;④继续放气,使 B 液面多余的液体进入样品池 A 中后,再调整 BC 两液面平齐。上述解决办法中正确的是　　(　　)

A. ①和②
B. ②和③
C. ①和④
D. ②和④

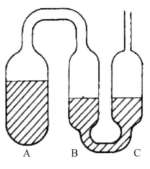

图 4-3　三液面

29. 图 4-3 为等压计的示意图,将此等压计置于恒温槽,在不放气的情况下,开始升温时,所发生的现象是　　(　　)

A. C 液面升高,B 液面下降
B. C 液面下降,B 液面升高
C. 三液面均不变
D. 三液面均下降

30. 在液体饱和蒸气压测定的实验中,与标准值相比,所求得的摩尔汽化焓 $\Delta_{vap}H_m$ 存在 2% 左右的偏差。下列因素中不会导致这种偏差的是　　(　　)

A. 克劳修斯-克拉贝龙方程本身的近似性

B. 作图法求直线的斜率

C. 空气未被抽净

D. 测定时没有严格按照温度间隔 4℃进行测定

31. 在测定水的汽化焓实验中,若温度测量有 0.2K 的系统误差,则此误差对 $\Delta_{vap}H_m$ 为 41.1kJ·mol^{-1} 的实验结果将引入的误差为($T=363K$)　　(　　)

A. 22.6J·mol^{-1}
B. 1.5J·mol^{-1}
C. 0.1kJ·mol^{-1}
D. 14.2J·mol^{-1}

32. 在双液系气-液平衡实验中,常选择测定物系的折光率来测定物系的组成。下列选择的依据中不正确的是   (   )

    A. 测定折光率操作简单   B. 对任何双液系都能适用

    C. 测定所需的试样量少   D. 测量所需时间少,速度快

33. 若 A、B 二组分可形成具有最低恒沸点的 T-x 图,则此二组分的蒸气压对拉乌尔定律的偏差情况是   (   )

    A. A 发生正偏差,B 发生负偏差

    B. A 发生负偏差,B 发生正偏差

    C. A、B 均发生正偏差

    D. A、B 均发生负偏差

34. 对恒沸混合物的描述,下面不正确的是   (   )

    A. 与化合物一样具有确定的组成

    B. 当压力恒定时其组成一定

    C. 平衡时气、液两相组成相同

    D. 其沸点随外压的改变而改变

35. 在二组分气-液平衡实验中,有时会出现沸腾后温度一直在变化的现象。造成这种现象有多种可能的因素,但不可能是   (   )

    A. 装置的密封性不好

    B. 沸腾十分激烈,且冷凝效果不好

    C. 冷凝蒸气的凹形储槽体积过大

    D. 样品的加入量不准确

36. 用阿贝折光仪测量液体的折射率时,下列操作中不正确的是   (   )

    A. 折光仪零点事先应当用标准液进行校正

    B. 折光仪应与超级恒温槽串接以保证恒温测量

    C. 折光仪的棱镜镜面用滤纸擦净

    D. 应调节补偿镜使视场内呈现清晰的明暗界线

37. 下列有关阿贝折光仪的作用不正确的是   (   )

    A. 用它测定已知组成混合物的折光率

    B. 先用它测定已知组成混合物的折光率,作出折光率对组成的工作曲线,用此曲线即可用测得样品的折光率查出相应的气、液两相组成

    C. 用它测定混合物的折光率和测试时的温度

    D. 直接用它测定未知混合物的组成

38.某学生用气相冷凝液取样品测量折射率时,不慎将样品撒掉,无法测量出气相组成。对这一情况的正确处理办法是　　　　　　　　　　　　　(　　)

A.将沸点仪内的液体全部倒掉,重新开始实验

B.重新加热回流至平衡后,再取样测定

C.用移液管加料,做下一个实验点

D.只测量出液相组成,气相组成用相邻 2 个气相组成的平均值代替

39.在二组分气-液相图实验中,在加样回流平衡后,需要记录沸点和测定气、液相的组成。记录这 3 个量的先后顺序是　　　　　　　　　　　(　　)

A.温度、气相组成、液相组成　　　　B.气相组成、温度、液相组成

C.液相组成、气相组成、温度　　　　D.温度、液相组成、气相组成

40.下列可以判断气、液相平衡的是　　　　　　　　　　　　　　　(　　)

A.观察液体沸腾　　　　　　　　　　B.观察置于气、液界面的温度计读数不变

C.加热 5min　　　　　　　　　　　　D.加热沸腾 10min

41.环己烷-乙醇体系的沸点-组成相图实验采用简单蒸馏,电热丝直接放入溶液中加热,目的是　　　　　　　　　　　　　　　　　　　　　　(　　)

A.直接加热溶液更安全

B.环己烷、乙醇溶液易燃,不能直接用加热炉加热

C.减少过热暴沸现象

D.减少热量损失,提高加热效率

42.实验绘制水-盐物系的相图,一般常采用的方法是　　　　　　　　(　　)

A.电导法　　　　　　　　　　　　　B.溶解度法

C.热分析法　　　　　　　　　　　　D.色谱法

43.对定压下的二组分固-液体系的"步冷曲线",下列阐述不正确的是　(　　)

A."步冷曲线"是熔融物在均匀降温过程中,体系温度随时间变化的曲线

B."步冷曲线"上出现"拐点"或"平台"转折变化时,说明有相变化发生

C."步冷曲线"上出现"拐点"时体系处于两相平衡,出现"平台"时为三相平衡

D.每条"步冷曲线"都是先出现"拐点",再出现"平台"

44."热分析法"绘制相图是根据"步冷曲线"的转折变化来确定体系的相变温度的。发生转折变化的原因是,从溶液中析出固相时　　　　　　　　(　　)

A.体系放热,降温速率减小

B.体系吸热,降温速率减小

C.体系放热,降温速率增加

D.体系吸热,降温速率增加

45.根据"步冷曲线"确定体系的相变温度时,经常因过冷现象而使"步冷曲线"变形。图4-4是铅锡混合物的步冷曲线,其"拐点"和"平台"所对应的温度点分别是 （ ）

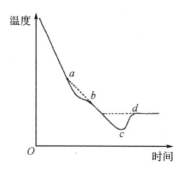

图 4-4　铅锡混合物的步冷曲线

A. a 和 d   B. a 和 c   C. b 和 c   D. b 和 d

46.对 Pb-Sn 二组分固液体系,其低共熔组成为 61.9%(Sn 的质量分数)。现配制 Sn 质量分数分别为 20%、30%、50%的样品各 100g,在其他条件均相同的条件下,其"步冷曲线"上"平台"长度由大到小的顺序是 （ ）

A. 20%>30%>50%

B. 30%>50%>20%

C. 50%>30%>20%

D. 50%>20%>30%

47.用差热分析仪测定固体样品的相变温度,可选作基准物的为 （ ）

A.无水氯化钙   B.三氧化二铝

C.苯甲酸   D.水杨酸

48.在差热分析中,都需选择符合一定条件的参比物,对参比物的要求中应该排除的是 （ ）

A.整个实验温度范围是热稳定的

B.其导热系数与比热尽可能与试样接近

C.其颗粒度与装填时的松紧度尽量与试样一致

D.使用前不能在实验温度下预灼烧

49.差热分析实验中,实验做了一半,结果发现五水硫酸铜样品和氧化铝坩埚的位置放反了,可以 （ ）

A.降温,将样品和坩埚位置换回来,继续试验

B.降温,换新的五水硫酸铜,位置正确后,重新开始实验

C.直接升加热炉,将样品和参比的坩埚换回来

D. 继续实验,谱图中吸放热方向与原先相反

50. 下列反应中,差热分析可以应用于物质的特征温度和吸收或放出的热量的是

（　　）

①相变;②分解;③化合;④脱水;⑤交联

A. ①②④　　　　　B. ③⑤　　　　　C. ②③④⑤　　　　　D. ①②③④⑤

51. 用对消法测原电池电动势,当电路得到完全补偿,即检流计指针为 0 时,未知电池电动势 E_x(电阻丝读数为 AB)与标准电池电动势 E_s(电阻丝读数为 Ab,见图 4-5)之间的关系为

（　　）

A. $E_x = \dfrac{R_{ab}}{R_{AB}} \cdot E_s$　　　　　　　　　　B. $E_x = \dfrac{R_{AB}}{R_{Ab}} \cdot E_s$

C. $E_x = \dfrac{R_{AB}}{R_{Bb}} \cdot E_s$　　　　　　　　　　D. $E_x = \dfrac{R_{Bb}}{R_{AB}} \cdot E_s$

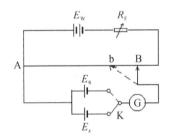

图 4-5　对消法测原电池电动势

52. 测量电池电动势时,采用对消法的目的是　　　　　　　　　　　　　　　（　　）

A. 使回路的电阻接近于零

B. 使通过待测电池的电流接近于零

C. 使通过工作电池的电流接近于零

D. 使回路电压接近于零

53. 在使用电位差计测电动势时,首先必须进行"标准化"操作,其目的是　（　　）

A. 校正标准电池的电动势　　　　　B. 校正检流计的零点

C. 标定工作电流　　　　　　　　　D. 检查线路是否正确

54. 用对消法测定原电池电动势的实验中,若发现检流计始终偏向一边,则可能的原因是

（　　）

A. 被测电池温度不均匀　　　　　　B. 被测电池的两极接反了

C. 标准电池电动势不够精确　　　　D. 检流计灵敏度差

55. 多数情况下,降低液体接界电位采用 KCl 盐桥,这是因为　　　　　　　（　　）

A. K^+、Cl^- 的电荷数相同,电性相反

B. K^+、Cl^- 的核电荷数相近

C. K^+、Cl^- 的迁移数相近

D. K^+、Cl^- 的核外电子构型相同

56. 电导测定可以解决多种实际问题,在实验室或实际生产中得到广泛应用,下列问题中不能通过电导测定解决的是 （　　）

A. 求难溶盐的溶解度 　　　　　　　　B. 求弱电解质的电离度

C. 求水的离子积 　　　　　　　　　　D. 求电解质的平均活度系数

57. 在电导实验测定中,需用交流电源而不用直流电源的原因是 （　　）

A. 防止在电极附近的溶液浓度发生变化

B. 能准确测定电流的平衡点

C. 简化测量电阻的线路

D. 保持溶液不致升温

58. 电导法测定电解质的解离平衡常数 $K_c^{\ominus}$ 是基于奥斯特瓦尔德稀释定律 $K_c^{\ominus} = \dfrac{c/c^{\ominus} \Lambda_m^2}{\Lambda_m^{\infty}(\Lambda_m^{\infty} - \Lambda_m)}$,该式适用于 （　　）

A. 强电解质溶液

B. 所有的弱电解质溶液

C. 解离度很小的弱电解质溶液

D. 无限稀释的电解质溶液

59. 在测定 HAc 解离平衡常数的实验中,利用惠斯登电桥法测量时,不能选用的仪器是 （　　）

A. 耳机 　　　　　　　　　　　　　　B. 信号发生器

C. 示波器 　　　　　　　　　　　　　D. 直流检流计

60. 测量溶液的电导时,应使用 （　　）

A. 甘汞电极 　　　　　　　　　　　　B. 铂黑电极

C. 银-氯化银电极 　　　　　　　　　　D. 玻璃电极

61. 电导率仪在用来测量电导率之前,必须进行 （　　）

A. 零点校正 　　　　　　　　　　　　B. 满刻度校正

C. 定电导池常数 　　　　　　　　　　D. 以上 3 种都需要

62. 测定蔗糖水解的速率常数可用的方法是 （　　）

A. 量气体体积 　　　　　　　　　　　B. 旋光法

C. 电导法 　　　　　　　　　　　　　D. 分光光度法

63. 蔗糖水解反应体系适合于旋光度测量,并通过定量推导得到如下线性方程:

$$\ln(\alpha_t - \alpha_\infty) = -kt + \ln(\alpha_0 - \alpha_\infty)$$

此结果成立需要满足诸多条件,下面与此条件无关的是 ( )

A. 蔗糖的浓度远远小于水的浓度 B. 旋光度与浓度成正比

C. 旋光度具有加和性 D. 反应需用 H^+ 作催化剂

64. 对于给定的旋光性物质,与其比旋光度 $[\alpha]_D^{20}$ 无关的是 ( )

A. 温度 B. 溶液的浓度

C. 光源的波长 D. 溶剂的性质

65. 旋光度不变的某样品,若用长度为 10cm、20cm 的旋光管测其旋光度,测量值分别为 α_1、α_2,则 ( )

A. $\alpha_1 = 2\alpha_2$ B. $2\alpha_1 = \alpha_2$ C. $\alpha_1 = \alpha_2$ D. $\alpha_1 \neq \alpha_2$

66. 手动式旋光仪通过调节刻度盘旋转手轮,可以从目镜中观察到 4 种交替出现的视场图,如图 4-6 所示的(a)(b)(c)(d)。当测量旋光度时,应调节到图中所示的视场下进行读数的是 ( )

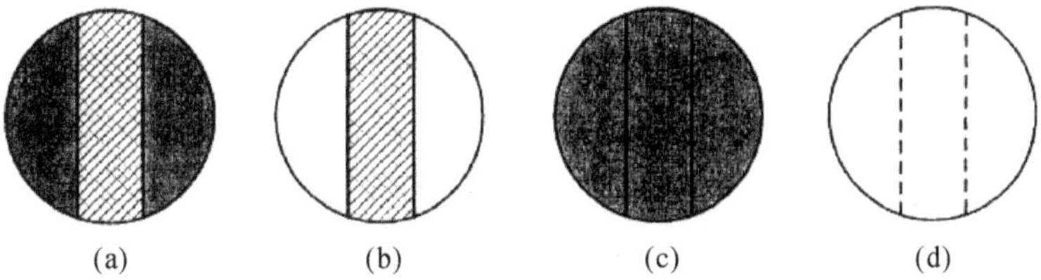

(a) (b) (c) (d)

图 4-6 4 种交替出现的视场图

A. (a) B. (b) C. (c) D. (d)

67. 在蔗糖水解反应实验中,以 $\ln(\alpha_t - \alpha_\infty)$ 对时间 t 作图时,常常出现反应初期的几个实验点偏离直线,可能的原因是 ( )

A. 因为实验原理的近似性,即 $\ln(\alpha_t - \alpha_\infty)$ 对时间 t 作图近似呈线性关系

B. 因为反应为吸热反应,反应初期温度发生了改变

C. 因为蔗糖没有精确称量

D. 因为盐酸的浓度配制不准确

68. 乙酸乙酯皂化反应适合于电导法测量,并在满足诸多条件下得到如下关系:

$$\kappa_t = \frac{1}{\kappa c_0} \cdot \frac{\kappa_0 - \kappa_t}{t} + \kappa_\infty$$

下列与此式推导条件无关的是 ( )

A. 乙酸乙酯和碱的起始浓度相同 B. 忽略乙酸乙酯和乙醇对电导的贡献

C. 反应体系的电解质全部电离 D. 反应过程中电导有较大的变化

69. 电导法研究乙酸乙酯皂化反应是基于电导率 κ 与浓度 c 有如下关系:$\kappa = \beta c$。对于式中比例系数 β 的描述,不正确的说法是 ( )

A. β 在无限稀释溶液中为一常数

B. β 与电解质的本性有关

C. β 与电解质的浓度无关

D. β 值的大小反映了电解质导电能力的强弱

70. 在乙酸乙酯皂化反应速率系数测定的实验中,反应是将 $0.02 mol \cdot dm^{-3}$ 的乙酸乙酯溶液和 $0.02 mol \cdot dm^{-3}$ 的氢氧化钠溶液混合后在恒温状态下进行的。下面说法不正确的是　　　　　　　　　　　　　　　　　　（　　）

A. 反应起始时刻的电导 κ_0 即是 $0.01 mol \cdot dm^{-3}$ 氢氧化钠溶液的电导

B. 反应结束后的电导 κ_∞ 即是 $0.01 mol \cdot dm^{-3}$ 醋酸钠溶液的电导

C. 反应 t 时刻的电导 κ_t 是溶液中 Na^+、OH^- 和 CH_3COO^- 对电导贡献之和

D. 只有测定出 κ_0、κ_t 和 κ_∞,才能求得反应速率系数

71. 在乙酸乙酯皂化反应实验中,获得 κ_∞ 有以下 4 种方法:①测定反应结束后溶液的电导;②测定 $0.01 mol \cdot dm^{-3}$ 醋酸钠溶液的电导;③将反应液在 $60℃$ 水浴恒温 30min 后,测定溶液的电导;④以 κ_t 对 $\frac{\kappa_0-\kappa_t}{t}$ 作图所得直线之截距求得。以上 4 种说法正确的是　　　　　　　　　　　　　　　　　　　　　　　　（　　）

A. ①和②　　　　B. ①和③　　　　C. ②和④　　　　D. ③和④

72. 在乙酸乙酯皂化反应实验中,需分别测定 298K 和 308K 2 组数据。对于此 2 组数据的比较,下列正确的关系是　　　　　　　　　　　　　（　　）

A. 斜率 m(298K)＜斜率 m(308K)

B. k(298K)＞k(308K)

C. $t_{1/2}$(298K)＞$t_{1/2}$(308K)

D. 同一时刻:κ_t(298K)＜κ_t(308K)

73. 在测量丙酮溴化反应速率常数的实验中,为了方便、准确地测量反应进程,下列仪器中最为合适的是　　　　　　　　　　　　　　　　　（　　）

A. 电泳仪　　　　　　　　　　B. 阿贝折光仪

C. 分光光度计　　　　　　　　D. 旋光仪

74. 使用分光光度计测量吸光度 A,为了使测得的 A 更精确,则应　（　　）

A. 在最大吸收波长处进行测定

B. 用比较厚的比色皿

C. 用合适浓度范围的测定液

D. 选择合适的波长、比色皿及溶液浓度,使 A 值落在 $0～0.8$ 区间内

75. 721 型分光光度计使用的光源器件是　　　　　　　　　　　　（　　）

A. 紫外灯　　　　B. 红外灯　　　　C. 白炽灯　　　　D. 激光管

76.在定温定压下描述吸附量与溶液的表面张力及溶液浓度之间的关系可用（　　　）

　　A.朗格缪尔吸附等温式　　　　　　　B.吉布斯吸附等温式

　　C.开尔文公式　　　　　　　　　　　　D.拉普拉斯公式

77.在用最大气泡法测定表面活性物质水溶液的表面张力实验时,当气泡所承受的压力差达到最大时,气泡的曲率半径 r 与毛细管的内径 R 之间的关系为　　（　　　）

　　A. $r > R$　　　　　　　　　　　　　　B. $r < R$

　　C. $r = R$　　　　　　　　　　　　　　D.无法确定

78.在最大气泡法测溶液表面张力实验中,可用于准确测定正丙醇的浓度的是

（　　　）

　　A.分光光度计　　　　　　　　　　　　B.旋光仪

　　C.电导率仪　　　　　　　　　　　　　D.阿贝折光仪

79.用最大气泡压力法测定溶液表面张力的实验中,对实验实际操作的如下规定中不正确的是　　　　　　　　　　　　　　　　　　　　　　（　　　）

　　A.毛细管壁必须严格清洗保证干净

　　B.毛细管口必须平整

　　C.毛细管应垂直放置并刚好与液面相切

　　D.毛细管垂直插入液体内部,每次浸入深度尽量保持不变

80.朗格缪尔吸附等温式为 $\Gamma = \Gamma_{\infty} \dfrac{bc}{1+bc}$。为了从实验数据来计算 Γ_{∞} 及 b,常将该式改写成线性方程。当以 $\dfrac{c}{\Gamma}$ 对 c 作图时可得一直线,则　　　　　　（　　　）

　　A.斜率为 $\dfrac{1}{\Gamma_{\infty}}$,截距为 $\dfrac{1}{b\Gamma_{\infty}}$　　　　B.斜率为 $\dfrac{1}{b\Gamma_{\infty}}$,截距为 $\dfrac{1}{\Gamma_{\infty}}$

　　C.斜率为 $\dfrac{1}{\Gamma_{\infty}}$,截距为 $\dfrac{1}{b}$　　　　　D.斜率为 Γ_{∞},截距为 b

81.在最大气泡法测定液体表面张力实验中,由最大压力差 ΔP_{max} 计算表面张力 γ 的公式为 $\gamma = K\Delta P_{max}$。与式中的 K 无关的是　　　　　　　　（　　　）

　　A.室温　　　　　　　　　　　　　　　B.毛细管半径

　　C.U 型管压力计内液体的密度　　　　　D.待测液体的浓度

82.利用最大气泡法测量水的表面张力时,甲同学测量得到 640Pa,乙同学用另外一套装置测量得到 720Pa。然而甲乙两同学经数据处理后却发现,所得正丁醇溶液的表面张力、表面吸附量等其他结果完全一样。测量结果不同的原因可能是　　（　　　）

　　A.读数的误差　　　　　　　　　　　　B.气泡逸出速率的不同

　　C.毛细管半径的不同　　　　　　　　　D.U 型管内液体量的不同

83.用最大气泡压力法测定溶液表面张力的实验中,每次脱出气泡一个或连续两个所读的结果 （ ）

    A.相同   B.不相同

    C.无法判断   D.有时候相同,有时候不同

84.某固体样品质量为1g左右,估计其相对分子质量在10000以上,下列方法中测定相对分子质量较简便的是 （ ）

    A.升高沸点   B.下降凝固点

    C.下降蒸气压   D.黏度法

85.$\lim\limits_{c \to 0} \dfrac{\eta_{sp}}{c} = [\eta]$中的$[\eta]$是 （ ）

    A.无限稀溶液的黏度   B.相对黏度

    C.增比黏度   D.特性黏度

86.特性黏度表示的物理意义是 （ ）

    A.高聚物分子与溶剂分子之间的内摩擦作用

    B.高聚物分子之间的内摩擦作用

    C.在稀溶液中,高聚物分子与溶剂分子之间的内摩擦作用

    D.在稀溶液中,高聚物分子之间以及高聚物分子与溶剂分子之间的内摩擦作用

87.当液体在重力作用下流经毛细管时,其黏度可按泊塞勒(Poiseuille)公式计算。用同一黏度计分别测量溶剂和溶液的黏度时,其中不相同的2个量是 （ ）

    A.流经毛细管液体的体积和流出时间

    B.流出时间与液体的平均液柱高度

    C.液体的密度与流出时间

    D.流经毛细管液体的体积与液体的密度

88.关于乌氏黏度计侧管C的作用,下列说法正确的是 （ ）

    A.使溶剂的流出时间在100～130s之间

    B.使测量不受溶液体积多少的影响

    C.让液体仅凭重力作用流下

    D.可以将被测液体抽吸,从而实现对同一样品的多次测量

89.具有永久偶极矩的分子是 （ ）

    A.非极性分子   B.极性分子

    C.非极性和极性分子   D.中性分子

90.无论是极性分子还是非极性分子,在电场作用下都会产生的与电场方向反平行的极化效应是 （ ）

A. 诱导极化   B. 定向极化

C. 永久极化   D. 非定向极化

91. 测定物质的偶极矩,需用到的仪器是   （ ）

     A. 电位差计   B. 惠斯登电桥

     C. 电容测量仪   D. 旋光仪

92. 比重瓶中注满待测液(较易挥发)后进行称量,相同条件下重复操作 3 次,得到的结果为 18.39521g、18.39390g、18.39609g,取 3 次测定的平均结果则为   （ ）

     A. 18.395g   B. 18.39507g

     C. 18.3951g   D. 18.395066g

93. 具有永久磁矩 μ_m 的物质是   （ ）

     A. 反磁性物质   B. 顺磁性物质

     C. 铁磁性物质   D. 共价络合物

94. 顺磁性物质具有顺磁性的原因是   （ ）

     A. 分子中有单电子   B. 分子中没有单电子

     C. 分子中没有电子   D. 分子中有成对电子

95. $FeSO_4 \cdot 7H_2O$ 在磁场下称重,其质量比无磁场时   （ ）

     A. 增加   B. 减少

     C. 不变   D. 不能确定

96. 采用 X 射线粉末法通常可以得到 8 个最强线的面间距($d_1, d_2, \cdots\cdots, d_8$),在与标准数据库核对时要求   （ ）

     A. 前 4 个 d 值一致即可

     B. 任意 4 个 d 值一致即可

     C. 在误差范围内 8 个 d 值必须完全一致

     D. 根据样品不同而定

97. 记录 1/10 温度计和贝克曼温度计的测量数据时,下列正确的记录方法分别是   （ ）

     A. 25.10℃,2.430℃   B. 25.10℃,2.43℃

     C. 25.1℃,2.430℃   D. 25.1℃,2.43℃

98. 一台超级恒温水浴及一台 pH 计电源线损坏,需要更换时,选用导线时主要应考虑   （ ）

     A. 导线用何种物质绝缘,是否耐油

     B. 导线的材质是什么,铜好还是铝好

     C. 导线截面积有多大,额定电流如何

D. 导线用单股还是多股

99.就动力学研究方法而言,可以通过测量体系中与浓度有关的物理量来跟踪反应,这些物理量通常不包括 （ ）

A. 温度 　　　　　　　　　　B. 电导

C. 旋光度 　　　　　　　　　D. 透光率

100.在下面各公式中,与温度无关的系数是 （ ）

A. 旋光度 $\alpha = \beta c$ 中的 β

B. 电导率 $\kappa = G K_{cell}$ 中的 K_{cell}

C. 表面张力 $\gamma = K \Delta P_{max}$ 中的 K

D. 电导 $G = Kc$ 中的 K

参考答案

1～5 DADBB　　　6～10 ABDBC　　　11～15 DCADA　　　16～20 BDCAB

21～25 BCBDA　　26～30 DDAAD　　31～35 ABCAD　　36～40 CDBAB

41～45 CBDAA　　46～50 CBDDD　　51～55 BBCBC　　56～60 DACDB

61～65 DBDBB　　66～70 CBDCD　　71～75 CCCDC　　76～80 BCDDA

81～85 DCBDD　　86～90 ACCBA　　91～95 CABAA　　96～100 CACAB